Spalter Bockl 180 – 188
Zahnrad 174 – 179
Seekuh 198

BT Mainbrücke 190
Hof 227 66
Altstadt 236
1938 84

Obernsees 220
Berneck "4

? abliefern 26

Walhallabockerl 44 Ende By 29

ZINTL · DIE LETZTEN BAYERISCHEN

Inhalt 2 x bl

ABL 251

Neuenreuth Brücke 60

Behr 139

Falls 223

Stationen N Saalfeld 172

umbl

D Karte cl

ROBERT ZINTL

Die letzten Bayerischen

Bilder alter Dampflokomotiven

MOTORBUCH VERLAG STUTTGART

Einband und Schutzumschlag: Siegfried Horn unter Verwendung eines Gemäldes aus dem Besitz der Lokomotivfabrik Krauß-Maffei in München, eine Gt $2 \times \frac{4}{4}$ darstellend.

Bilder: Soweit in den Bildunterschriften nicht besonders vermerkt: vom Autor.

Manuskript abgeschlossen im Herbst 1978.

ISBN 3-87943-623-1

1. Auflage 1979

Eine Abteilung des Buch- und Verlagshauses Paul Pietsch GmbH & Co. KG

Satz und Druck: Becht-Druck, 7403 Ammerbuch 2 - Pfäffingen
Bindung: Großbuchbinderei E. Riethmüller, 7000 Stuttgart
Printed in Germany

Inhalt

Vorwort

Die 3730 Dampflokomotiven der Königlich Bayerischen Staatseisenbahnen sind fast ausschließlich von den beiden bodenständigen Lokomotivfabriken geliefert worden. Ihre Erzeugnisse standen den Zeitgenossen anderer Länder nicht nach, im Gegenteil: Die bayerische $S\frac{2}{6}$ war die schnellste Dampflokomotive ihrer Zeit *(Bild 1)*; sie erreichte im Jahr 1907 eine Geschwindigkeit von 157 km/h, die bayerische Gt $2\mathrm{x}\frac{4}{4}$ war 1913 die schwerste Dampflokomotive Europas.

Die bayerische $S\frac{3}{6}$ galt ob ihrer vollendeten und monumentalen Formen als Star der Dampflokomotiven überhaupt, und die netten kleinen bayerischen Lokalbahnlokomotiven blieben einmalig in ihrer Art.

Das Jahr 1920 brachte zwar das Ende der bayerischen Staatsbahnen, aber nicht das Ende der bayerischen Dampflokomotiven. Sie gehörten noch für viele Jahre zum Erscheinungsbild der Deutschen Reichsbahn; bewährte bayerische Dampflokomotiven wurden weitergebaut und sogar eine neue, typisch bayerische Dampflokomotivgattung geschaffen.

»Die letzten Bayerischen« sind erst zwischen 1940 und 1970 den Weg alles Irdischen gegangen. Sie sollen in den hier veröffentlichten Bildern und Listen weiterleben.

Wegen der wechselnden Bauzustände, z.B. der Kessel, weichen die Maßangaben in verschiedenen Unterlagen manchmal voneinander ab; für die Listen im Abschnitt 9 sind vornehmlich Quellen aus dem Jahr 1938 zugrundegelegt worden.

Bild 1
Sie erreichte 1907 mit 157 km/h den Geschwindigkeitsrekord der deutschen Dampflokomotiven: Die bayerische $S\frac{2}{6}$ (Fabrikbild)

1. Klassifizierung der bayerischen Dampflokomotiven

1.1 Am Anfang hatte es nur Lokomotiven mit *einer* angetriebenen Achse gegeben; 1847 erschienen die ersten Maschinen mit zwei und mit drei durch Kuppelstangen verbundenen Achsen. Aus diesem Anlaß führten die *Königlich Bayerischen Staatseisenbahnen* eine Unterscheidung nach *Lokomotivgattungen, »Klassen«* hieß es damals, ein.
Die ungekuppelten Lokomotiven erhielten den Gattungsbuchstaben A,
die zweifach gekuppelten B und
die dreifach gekuppelten C.
Die einzelnen Bauarten innerhalb dieser Hauptgattungen wurden – in zeitlicher Reihenfolge – durch zugesetzte fortlaufende römische Zahlen gekennzeichnet: A I, A II, A III usw.
Alle Tenderlokomotiven trugen den Gattungsbuchstaben D.

Als gegen Ende des vorigen Jahrhunderts vierfach gekuppelte Güterzuglokomotiven beschafft wurden, mußten sie – etwas sinnwidrig – als E I bezeichnet werden.
1901 wurde ein neues Bezeichnungsschema eingeführt, wobei aber die *vorhandenen* Lokomotiven ihre alten Gattungsbezeichnungen behielten. Von nun an bekamen
die Schnellzuglokomotiven den Gattungsbuchstaben S,
die Personenzuglokomotiven P,
die Güterzuglokomotiven G;
die Personenzugtenderlok hießen Pt,
die Güterzugtenderlok Gt,
die Rangierlok R.
Die Zahl der gekuppelten Achsen und die Gesamtachszahl wurden in Bruchform zugesetzt: $G\frac{3}{4}$ stand demnach für eine vierachsige Güterzuglokomotive, bei welcher drei Achsen gekuppelt waren.
Die Lokalbahnlokomotiven erhielten den Zusatz L, z. B. $PtL\frac{2}{2}$;
ferner gab es den Zusatz
z für Zahnradlokomotiven
und
s für Schmalspurlokomotiven.
Wenn erforderlich, wurden der (alten und der neuen) Gattungsbezeichnung zur weiteren Differenzierung innerhalb einer Gattung noch zugefügt:

Zw für Zwillingslokomotiven,
Vb für Verbundlokomotiven,
N für Naßdampflokomotiven und
H für Heißdampflokomotiven.

An den Lokomotiven waren diese Zusätze aber nicht angeschrieben.
Jede Lokomotive trug einen *Namen,* der in erhabenen Großbuchstaben auf einem Messingschild (mit Rahmen) zu lesen war. Es waren Namen bayerischer und außerbayerischer Orte, Flüsse und Berge, aber auch von bedeutenden Persönlichkeiten und – vor allem bei Lokalbahnlokomotiven – aus der griechischen, römischen und germanischen Mythologie. Auch Tiernamen waren vertreten, aber die Vizinal-

Bild 2
Beschilderung der bayerischen Dampflokomotiven

bahnlokomotive BÄR z.B. war sehr klein und schwach, sie hatte keine Bärenkräfte.
1892 wurde die »Namengebung« eingestellt. Man ging über zu *Betriebsnummern,* deren Reihen zwar an die Lokomotivgattung gebunden waren, aber ohne erkennbare Systematik (vgl. Abschnitt 2 am Schluß).
Die Lokomotiven waren wie folgt *beschildert:*
a) An jeder Seite des Führerhauses oder des Wasserkastens der Tenderlokomotiven
Klasse bzw. Gattung, z.B. C III (mit Rahmen, später ohne Rahmen),
K. Bay. Sts. B (mit Rahmen),
Firmenschilder der Lokomotivfabrik und des Kesselherstellers. Das Maffei-Fabrikschild war in der Regel rechteckig (35x21 cm), das Krauß-Fabrikschild breitoval (35,5x23,5 cm).
Unter der Gattungsbezeichnung war fallweise die Leistungsfähigkeit der Lokomotive für Militärzüge in folgender Weise angegeben: a = ungeeignet für Militärzüge, b = geeignet für halbe Militärzüge, c = geeignet für ganze Militärzüge.
b) an jeder Seite des Langkessels, bei Tenderlokomotiven des Wasserkastens, war das Schild mit dem Namen bzw. mit der Betriebsnummer der Lokomotive *(Bild 2).*
c) Lokomotiven mit Namen führten außerdem eine laufende *»Inventarnummer«,* die vorn am Kamin und an der Rückwand des Tenders, bei Tenderlokomotiven des Führerhauses angebracht war. Die höchste Inventarnummer, nämlich 980, hatte die D VII HÖCHSTADT. Namen und Inventarnummern von ausgemusterten Maschinen wurden oft auf neuere Lokomotiven vererbt. So erhielt z.B. eine im Jahre 1878 gelieferte C III die Inventarnummer 10 und den Namen ERLANGEN einer 1844 gebauten A I.
d) Die Bezeichnung der Eigentumsverwaltung »K. Bay. Sts. B.« war später auch in großen Buchstaben auf die Längsseiten der *Tender* aufgemalt *(siehe Bild 85).*

1.2 Die erste bayerische (und gleichzeitig die erste deutsche) Eisenbahnstrecke, die Ludwigseisenbahn von Nürnberg nach Fürth ist bis zu ihrem Ende im Jahre 1922 als Privatbahn betrieben worden. Auch die als nächste in Bayern eröffnete Strecke von München nach Augsburg ist – 1840 – als Privatbahn geschaffen (jedoch schon 1844 verstaatlicht) worden. Für die Folge übernahm aber der bayerische Staat den Bau und den Betrieb der Eisenbahnen. Nur im Osten des Landes, in der Oberpfalz und in Niederbayern, überließ man das Eisenbahnwesen einem Privatunternehmen, der *Königlich Privilegierten AG. der Bayerischen Ostbahnen.* Sie bestand seit

1856, erreichte mit 775 km Streckenlänge eine bedeutende Ausdehnung und ging durch Gesetz vom 15.4.1875 in den Besitz des Königreichs Bayern über. Für ihre 189 Dampflokomotiven gab es die Klassenbezeichnungen A für ungekuppelte Maschinen, B für die Zweikuppler, C für die Dreikuppler und D für die Tenderlok, ohne daß die Bauarten näher unterschieden wurden. Mit dem Zusatz einer laufenden Nummer stellte diese Bezeichnung die Betriebsnummer dar, z. B. C 28 *(Bild 3)*. Noch keine Nummern, sondern Namen trugen nur die 18 bis 1858 gelieferten Maschinen; sie waren nach bayerischen Städten und Flüssen im Einzugsgebiet der Ostbahn benannt.
Nach der Verstaatlichung behielten die Ostbahnlokomotiven ihre alte Bezeichnung bis Anfang der 1890er Jahre bei, dann wurden sie verwandten Staatsbahngattungen zugeschlagen mit Betriebsnummern von 1001 bis 1189 versehen und entsprechend beschildert.
Die Anlagen I und II zeigen Ausschnitte aus alten bayerischen Lokomotivverzeichnissen.

1.3 Die wenigen *anderen bayerischen Privatbahnen* hatten jeweils nur einen geringen Lokomotivbestand; Gattungsbezeichnungen waren bei ihnen nicht eingeführt, es genügte die Unterscheidung nach Namen bzw. Betriebsnummern.

1.4 Die Eisenbahnen in der *bayerischen Rheinpfalz* gehörten nur von ihrer Verstaatlichung am 1. 1. 1909 bis 1920 zu den Bayerischen Staatsbahnen. Ihr Lokomotivpark hat seine eigene Entwicklung durchgemacht. Er wird hier nicht behandelt.

Bild 3
Lokbeschilderung bei der Kgl. Priv. A. G. der Bayerischen Ostbahnen. Weiden (Opf) 1873 (Autor unbekannt)

2. Zusammenstellung der bayerischen Dampflokomotivgattungen

(M = Lokomotivfabrik J. A. Maffei, München;
K = Lokomotivfabrik Krauß & Comp., München.

Bei der Triebwerkbezeichnung bedeuten die ersten Ziffern die Zahl der Laufachsen; die großen Buchstaben symbolisieren die Zahl der gekuppelten Achsen; n = Naßdampf; h = Heißdampf; 2 = Zylinderzahl; v = Verbundwirkung.)

Stück-zahl	Gattung (»Klasse«)	geliefert von bis	geliefert durch	Namen bzw. Betriebs-Nrn.	Rost-fläche m²	Dampf-druck atü	Treib-rad-durch-messer mm	Höchst-ge-schwin-digkeit km/h	Triebwerk-bezeichnung	Bemerkungen
24	A I	1844–1845	M u. a.	Namen	0,76	6,3	1524	40	1 A 1 n 2	9 Stück 1868–1874 in B I oder C I umgebaut
13	A II	1847–1848	M u. a.	Namen	0,83	6	1524	42	1 A 1 n 2	9 Stück 1859–1876 in B I oder C I umgebaut
4	A III	1851–1852	M	Namen	0,98	6	1524	50	1 A 1 n 2	alle 4 1868–1871 in B I oder C I umgebaut
8	A IV	1852–1853	M	Namen	1,21	7	1676	70	1 A 1 n 2	A IV PLEINFELD i. J. 1874 in CI, 1877 in B I umgebaut
24	A V	1853–1855	M	Namen	1,07	7	1676; 1829	80	1 A 1 n 2	
1	AA I / P $\frac{2}{4}$	1896	K	1400	2,26	13	1870	90	2 a A 1 n 2	mit Anfahrachse (»a«); 1908 in P $\frac{2}{4}$ umgebaut (2 B h 2)
22	B I	1847–1850	M	Namen	0,86 0,93	6; 7; 8	1372	65	1 B n 2	
14	B II	1851–1852	M	Namen	1,05	7	1372	65	1 B n 2	
18	B III	1852–1855	M u. a.	Namen	1,24	7; 8; 10	1448; 1469	70	1 B n 2	
10	B IV	1852–1853	*)	Namen	1,30	6; 7	1524	70	1 B n 2	*) Eßlingen; Hartmann; 6 Stück mit Kesseln mit baßgeigenförmigem Querschnitt
95	B V	1853–1863	M	Namen	1,19–1,31	8; 10	1448; 1469	70	1 B n 2	1 Lok (»PHÖNIX«) als Stütztenderlok (B 3 n 2)
68	B V Ostb.	1858–1865	M	1001–1068	1,29–1,40	7; 9; 10	1524	75	1 B n 2	bei Ostbahn Nr. B 1–B 66; hier wurden auch eingereiht die Ostbahn Nr. E 1–E 2, geliefert 1869 durch Maffei; 65 km/h; B n 2

Stückzahl	Gattung (»Klasse«)	geliefert von bis	geliefert durch	Namen bzw. Betriebs-Nrn.	Rostfläche m²	Dampfdruck atü	Treibraddurchmesser mm	Höchstgeschwindigkeit km/h	Triebwerkbezeichnung	Bemerkungen
107	B VI	1863–1871	M	Namen	1,24	8 ; 10	1600	75	1 B n 2	
6	B VII	1868	K	Namen	1,24	7	1500	70	B n 2	schon 1877 ausgemust.
6	B VIII	1872	M	Namen	1,52	10	1616	80	1 B n 2	
104	B IX	1874–1887	M	Namen	1,59–1,76	10	1870	90	1 B n 2	
43	B IX Ostb.	1857–1875	M	1069–1111	1,00–1,70	7–10	1524 ; 1676 ; 1829	75–90	1 B n 2	bei Ostbahn Nr. B 67–B 109 ; B 67–B 78 1869–1872 entstanden aus Umbau von 1 A 1-Lok ; B 79–B 90 aus 2 A-(= Crampton-)Lok
14	B X	1889–1891	K	Namen	1,95	12	1870	90	1 B n 2 v	
39	B XI Zw	1892–1893	M	1201–1239	2,24	12	1870	90	2 B n 2	Zwillingslok
100	B XI Vb	1895–1900	M, K	1240–1339	2,26	13	1870	90	2 B n 2 v	Verbundlok
1	BB I	1896	M	2100	2,07	14	1340	65	B + B n 4 v	Bauart Mallet
31	BB II	1899–1908	M	2501–2531	1,40	12	1006	45	B + B n 4 v	Bauart Mallet
5	C I	1847–1850	M	Namen	0,90	7; 8 ; 10	1067	40	C n 2	»Remorqueur« für »Schiefe Ebene« Neuenmarkt-W – Marktschorgast ; Ballastkasten mit Wasser oder Sand auf dem Kessel
73	C II	1857–1868	M, K	Namen	1,39	8 ; 10	1219	45	C n 2	5 Lok als Stütztenderlok (C 3 n 2); ca. 1870 in Schlepptenderlok umgebaut
12	C II Ostb.	1862–1863	M	1112–1123	1,50–1,65	9 ; 10	1524	55	C n 2	bei Ostbahn Nr. C 1–C 12
253	C III	1868–1879	M, K, u. a.	Namen	1,59–1,84	10	1274	45	C n 2	stückzahlmäßig stärkste Gattung
52	C III Ostb.	1867–1875	M	1124–1175	1,61–1,78	9 ; 10	1274	45	C n 2	bei Ostbahn Nr. C 13–C 64
87	C IV Zw	1884–1893	M, K	Namen und 1401–1441 ; 1452–1462	1,66	11	1340	50	C n 2	Zwillingslok
100	C IV Vb	1889–1897	M, K	Namen und 1442–1451 ; 1463–1550	1,66	12 ; 13	1340	50	C n 2 v	Erste Verbundlok in Bayern
43	C V	1896–1901	M	2301–2343	2,65	13 ; 14	1870	90	2 C n 4 v	Erste Vierzylinderlok in Bayern
120	C VI / G $\frac{3}{4}$ N	1899–1909	M, K	1551–1670	2,25	13	1340	60	1 C n 2 v	ab 1907 als G $\frac{3}{4}$ N (= Naßdampf) bezeichnet
15	D I	1871–1875	M	Namen	0,74	10	1006	45	B n 2	
4	D II (I. Besetzg.)	1873	K	Namen	0,50	10	820	30	B n 2	Erste Vizinalbahnlok
2	D II Ostb.	1866	M	1176–1177	0,45	7	1024	45	B n 2	bei Ostbahn Nr. D 13–D 14 ; führten außerdem Namen ; **kleinste** bayer. Dampflok : 5,82 m ; kleinste Rostfläche ; kleinste

Stück- zahl	Gattung (»Klasse«)	geliefert von bis	geliefert durch	Namen bzw. Betriebs-Nrn.	Rost- fläche m^2	Dampf- druck atü	Treib- rad- durch- messer mm	Höchst- ge- schwin- digkeit km/h	Triebwerk- bezeichnung	Bemerkungen
181	D II (II. Bes.)/R $\frac{3}{3}$	1898–1923	M, K	2400–2490; 4701–4790	1,61	12	1216	45	C n 2	Heizfläche 22,5 m^2; geringste Vorräte: 1,17 m^3 Wasser, 0,3 t Kohle ab 1906 als R $\frac{3}{3}$ bezeichnet
6	D III	1873	K	Namen	0,93	10	985	45	B n 2	
132	D IV	1875–1897	M, K	Namen und 1701–1737	1,00	10	1006	45	B n 2	
12	D IV Ostb.	1867–1872	M	1178–1189	1,10	8	1219; 1270	50	B n 2	bei Ostbahn Nr. D 1 – D 12
10	D V	1877–1878	M	Namen	1,64	12	1194	45	C n 2	
53	D VI	1880–1894	M, K	Namen und 1801–1804	0,75	12	1006	45	B n 2	
75	D VII	1880–1895	M, K	Namen und 1851–1874	0,83	12	1006	45	C n 2	
19	D VIII	1888–1903	K	Namen und 1901–1914	1,60	12	1006	45	C 1 n 2	Erste Lok mit Helm- holtz – Drehgestell und mit Heusingersteuerung in Bayern. Ab Nr. 1906 Bauart geändert
55	D IX	1888–1899	M	Namen und 1931–1960; 2101–2115	1,20	12	1340	65	1 B n 2	
9	D X	1890–1893	K	Namen und 1961–1963	1,40	12	1006	45	C 1 n 2	
147	D XI / PtL $\frac{3}{4}$	1895–1914	M, K	1991–2050; 2701–2787	1,34	12	1006	45	C 1 n 2	ab 1904 als PtL $\frac{3}{4}$ bezeichnet
105	D XII/Pt $\frac{2}{5}$ N	1897–1907	K	2201–2296; 5202–5210	1,96	12; 13	1640	90	1 B 2 n 2	ab 1907 als Pt $\frac{2}{5}$ N (= Naßdampf) bezeichnet
64	E I	1895–1901	K u. a.	2051–2099; 2116–2130	2,43	12; 14	1170	50	1 D n2; 1 D n 4 v	Verschiedenheiten im Triebwerk. Nr. 2085/2086 aus USA bezogen, Treibrad- durchmesser 1270 mm
12	S $\frac{2}{5}$	1901–1904	M u. a.	2398–2399; 3001–3010	3,27	16	2000	110	2 B 1 n 4 v	Nr. 2398/2399 aus USA bezogen, Treibrad- durchmesser 1829 mm; Dampfdruck 14 atü
1	S $\frac{2}{6}$	1906	M	3201	**4,71**	14	**2200**	**150**	2 B 2 h 4 v	erreichte 1907 den Schnelligkeitsrekord von 157 km/h; größter Treibraddurchmesser, größte Rostfläche bei bayer. Lok
69	S $\frac{3}{5}$	1903–1911	M	3301–3369	3,27 3,23	14; 16	1870	110	2 C h 4 v	Nr. 3301–3328 u. 3330–3340 als Naß- dampflok geliefert; 20 Lok davon i. J. 1924/ 1925 in Heißdampf- lok umgebaut

Stückzahl	Gattung (»Klasse«)	geliefert von bis	geliefert durch	Namen bzw. Betriebs-Nrn.	Rostfläche m^2	Dampfdruck atü	Treibraddurchmesser mm	Höchstgeschwindigkeit km/h	Triebwerkbezeichnung	Bemerkungen
149	$S\frac{3}{6}$	1908–1930	M u. a.	3601–3709; 18509–18548	4,53	15; 16	1870; 2000	120	2 C 1 h 4 v	längste bayer. Lok: 22,86 m; größter Tender: 32,5 m^3 Wasser, 9 t Kohle. 30 Lok i. J. 1953/56 neuen Kessel erhalten und neue Betriebs Nrn. 18601–18630; Rostfläche 4,09 m^2
116	$P\frac{3}{5}$	1905–1921	M	3801–3916	2,62 2,76	15	1640	90	2 C h 4 v	Nr. 3801–3836 als Naßdampflok geliefert; 13 Lok davon i. J. 1924/25 im Heißdampflok umgebaut
225	$G\frac{3}{4}$ H	1919–1923	M, K	7001–7225	2,64	13	1350	65	1 C h 2	II – Heißdampf
/	$G\frac{4}{5}$ N	1905–1906	K	2131–2137	2,85	12	1270	60	1 D n 2	N = Naßdampf
230	$G\frac{4}{5}$ H	1915–1919	M, K	5151–5160; 5211–5235; 5501–5695	3,2 3,3	16	1300	60	1 D h 4 v	H = Heißdampf
95	$G\frac{5}{5}$	1911–1924	M	5801–5895	3,70	16	1270	60	E h 4 v	
97	$Pt\frac{2}{3}$	1909–1916	K	6001–6097	1,22	12	1250	65	1 B h 2	
2	$Pt\frac{2}{4}$ N	1909	K	6501–6502	1,22	12	1250	65	2 B n 2	N = Naßdampf
12	$Pt\frac{2}{4}$ H	1906–1909	K	5001–5012	1,00–1,69	12	1546	75	1 B 1 h 2	Nr. 5010–5012 mit Schüttfeuerung; H = Heißdampf
1	$Pt\frac{2}{5}$ H	1906	K	5201	1,96	12	1640	90	1 B 2 h 2	H = Heißdampf
10	$Pt\frac{3}{6}$	1923	K	6101–6110	2,34	13	1500	90	1 C 2 h 2	
25	Gt $2 x \frac{4}{4}$	1913–1923	M	5751–5775	4,25	15	1216	50	D + D h 4 v	Bauart Mallet; **schwerste Lok Europas; höchste Achszahl bei bayer. Lok**
42	$R\frac{4}{4}$	1918–1925	K	4151–4192	2,02	12	1216	45	D n 2	
24	$ML\frac{2}{2}$	1906–1908	M	4001–4024	0,83	12	990	50	B h 2	»Motorlok« mit 2 gegenläufigen Kolben in jedem Zylinder; Schüttfeuerung
48	$PtL\frac{2}{2}$	1905–1914	K	4501–4548	0,60	12	1006	50	B h 2	Schüttfeuerung; erste Heißdampflok in Bayern Nr. 4501–4506 mit Innenzylindern und Blindwelle; Nr. 4507–4535 mit Blindwelle
2	$PtL\frac{3}{3}$	1889	K	1875–1876	1,00	11; 12	920	45	C n 2	1908 von Localbahn-AG. München übernommen
117	$GtL\frac{4}{4}$	1911–1927	K	2551–2647; 98 898–98 917	1,34	12	1006	40	D h 2	29 Lok i. J. 1934–1941 in 1 D h 2 umgebaut; 55 km/h; neue Betriebs-Nrn. 98 1101–98 1129
45	BR 98^{10}	1929–1933	K, K/M	981001–981045	1,34	12	1006	45	D 1 h 2	

Stück-zahl	Gattung (»Klasse«)	geliefert von bis	geliefert durch	Namen bzw. Betriebs-Nrn.	Rost-fläche m²	Dampf-druck atü	Treib-rad-durch-messer mm	Höchst-ge-schwin-digkeit km/h	Triebwerk-bezeichnung	Bemerkungen
4	PtzL $\frac{3}{4}$	1912–1923	K	4101–4104	1,82 2,00	12 ; 13	1006	45	C 1 b h 4 v	Zahnradlok für Strecke Erlau-Wegscheid
5	LE	1885–1900	K	LE I - LE V (881–882 ; 981–983)	0,53	12	800	30	C n 2	LE = Lokalbahn Eichstätt (-Kinding) ; Spurweite 1000 mm
1	Gts $\frac{4}{4}$	1909	K	991	0,82	12	800	30	D n 2	für Lokalbahn Eichstätt-Kinding ; Spurweite 1000 mm
1	Gts 2 x $\frac{3}{3}$	1917	Henschel	996	1,85	14	900	30	C + C h 4 v	für Lokalbahn Eichstätt-Kinding ; Spurweite 1000 mm ; Bauart Mallet
4	Pts	1906–1922	K	1101–1104	0,80	12	800	30	1 C h 2	für Lokalbahn Neuötting-Altötting ; Spurweite 1000 mm

3730 = Gesamtstückzahl

Für den Fall, daß nur die Betriebsnummer bekannt ist und die Lokomotive hiernach näher bestimmt werden soll, seien hier die *bayerischen Betriebsnummern und die zugehörigen bayerischen Gattungen* zusammengestellt:

(NB: die *Inventar*nummern gemäß Abschnitt 1.1 liefen bis 980; ab hier schließen die Betriebsnummern an, die 1892 eingeführt worden waren).

Die Betriebsnummern	führten Lokomotiven der bayerischen Gattung
881– 882	LE
981– 983	LE
991	Gts $\frac{4}{4}$
996	Gts 2 x $\frac{3}{3}$
1001–1068	B V Ostbahn
1069–1111	B IX Ostbahn
1101–1104 (II. Besetzung)	Pts
1112–1123	C II Ostbahn
1124–1175	C III Ostbahn
1176–1177	D II Ostbahn
1178–1189	D IV Ostbahn
1201–1239	B XI Zwilling
1240–1339	B XI Verbund
1400	AA I/P $\frac{2}{4}$
1401–1441	C IV Zwilling

Die Betriebsnummern	führten Lokomotiven der bayerischen Gattung
1442–1451	C IV Verbund
1452–1462	C IV Zwilling
1463–1550	C IV Verbund
1551–1633	C VI
1634–1670	G $\frac{3}{4}$ N
1701–1737	D IV
1801–1804	D VI
1851–1874	D VII
1875–1876	PtL $\frac{3}{3}$
1901–1914	D VIII
1931–1960	D IX
1961–1963	D X
1991–2050	D XI
2051–2099	E I
2100	BB I

Die Betriebsnummern	führten Lokomotiven der bayerischen Gattung
2101–2115	D IX
2116–2130	E I
2131–2137	$G\frac{4}{5}$ N
2201–2296	D XII
2301–2343	C V
2398–2399	$S\frac{2}{5}$
2400–2472	D II (II. Besetzung)
2473–2490	$R\frac{3}{3}$
2501–2531	BB II
2551–2647	$GtL\frac{4}{4}$
2701–2761	D XI
2762–2764	$PtL\frac{3}{4}$
2765–2782	D XI
2783–2787	$PtL\frac{3}{4}$
3001–3010	$S\frac{2}{5}$
3201	$S\frac{2}{6}$
3301–3369	$S\frac{3}{5}$
3601–3709	$S\frac{3}{6}$
3801–3836	$P\frac{3}{5}$ N
3837–3916	$P\frac{3}{5}$ H

Die Betriebsnummern	führten Lokomotiven der bayerischen Gattung
4001–4024	$ML\frac{2}{2}$
4101–4104	$PtzL\frac{3}{4}$
4151–4192	$R\frac{4}{4}$
4501–4548	$PtL\frac{2}{2}$
4701–4790	$R\frac{3}{3}$
5001–5012	$Pt\frac{2}{4}$ H
5151–5160	$G\frac{4}{5}$ H
5201	$Pt\frac{2}{5}$ H
5202–5210	$Pt\frac{2}{5}$ N
5211–5235	$G\frac{4}{5}$ H
5501–5695	$G\frac{4}{5}$ H
5751–5775	Gt $2 \times \frac{4}{4}$
5801–5895	$G\frac{5}{5}$
6001–6097	$Pt\frac{2}{3}$
6101–6110	$Pt\frac{3}{6}$
6501–6502	$Pt\frac{2}{4}$ N
7001–7225	$G\frac{3}{4}$ H

3. Die bayerischen Lokomotivfabriken

Die Lokomotive für die erste deutsche Eisenbahn mußte aus England bezogen werden. Aber kaum war dieses neue Vehikel über die Strecke gebraust, so regte sich schon die heimische Industrie. Fortan sind so gut wie alle bayerischen Dampflokomotiven im Lande selbst gebaut worden und zwar von den Lokomotivfabriken J.A. Maffei in München und Krauß & Comp. in München. Nur ein paar Lokomotiven aus der Frühzeit des Eisenbahnwesens und einige Einzelgänger stammen aus dem »Ausland« *(vgl. Abschnitt 3.5.)*.

3.1. Die Lokomotivfabrik J.A. Maffei in München

Joseph Anton Ritter von Maffei (Bild 4) ist am 4. September 1790 in München geboren. 1837 übernahm er ein mit Wasserkraft betriebenes Eisenwerk in der Hirschau, nahe dem Englischen Garten in München *(Bild 5)*. Bald darauf übertrug man ihm die Leitung der Aktiengesellschaft zur Errichtung der München – Augsburger Eisenbahn. Für sie baute er 1841 seine erste Dampflokomotive, die den Namen »Der Münchner« erhielt *(Bild 6)*.
Die zweite Maffei-Lokomotive »BAVARIA« beförderte am 25. August 1844 den Eröffnungszug auf der neuen Strecke Nürnberg – Bamberg.
Von nun an belieferte Maffei – bis 1867 ohne Konkurrenz – die Königlich Bayerischen Staatsbahnen,

Bild 4
Joseph Anton Ritter von Maffei (Krauß-Maffei-Werkfoto)

aber auch die deutschen Privatbahnen, die Eisenbahnen in der Rheinpfalz, in Württemberg und in Österreich.
1850 hatte Österreich einen Wettbewerb für »Gebirgslokomotiven« auf der langen Steilrampe der Semmeringbahn ausgeschrieben. Maffei hatte hierfür 1851 eine Lokomotive mit der für damalige Verhältnisse riesigen Rostfläche von 2,3 m^2 und dem außerordentlichen Gewicht von 73 t geschaffen, die ebenfalls den Namen »BAVARIA« führte. Sie errang den Ersten Preis von 20 000 Golddukaten und schlug die zwei österreichischen und eine belgische Konkurrentin aus dem Feld. Das hatte zur Folge, daß sich der Geschäftsbereich der Firma auf die Schweiz, Italien, Dänemark, Ungarn und weitere Länder ausdehnte.
1856 hat Maffei die Königlich Privilegierte AG. der Bayerischen Ostbahnen ins Leben gerufen.
Als er am 1. September 1870 achtzigjährig in München starb, ging die Leitung seiner Fabrik auf seinen Neffen, den Erblichen Reichsrat der Krone Bayern Dr.-Ing. e. h. Hugo Ritter und Edler von Maffei über.
1864 wurde die 500. Maffeilok geliefert, eine B VI; 1874 verließ die tausendste Lokomotive das Werk, eine Staatsbahn – B IX. Abweichend von der Gepflogenheit, die Maschinen mit Namen zu bezeichnen, bekam sie eine Nummer, nämlich 1000. Sie steht, längsgeschnitten, heute noch im Deutschen Museum zu München.
1895 entstand bei Maffei die erste Vierzylinder-Verbund-Maschine, die bayerische C V. Der Weiterentwicklung dieser Bauart hat man sich bei Maffei besonders angenommen, sie fand ihre Krönung in

Bild 5
Hochbetrieb im Eisenwerk Maffei um 1850 (Krauß-Maffei-Werkfoto)

der bayerischen S^{3}_{6}. Maffeische Verbundlokomotiven wurden geordert von Baden, Frankreich, Bulgarien, der Schweiz, von Holland, Portugal, der Türkei und sogar aus Südamerika. Für alle ist typisch der geschmiedete Barrenrahmen, der das Triebwerk der Lokomotive gewissermaßen durchsichtig macht.

Bis 1905 betrug der Ausstoß 3500 Dampflok und mehrere Dampfschiffe, diese für die oberbayerischen Seen.

Bedeutende Konstrukteure bei Maffei waren
der aus England stammende *Joseph Hall*, der den »Münchner« schuf. Er ist in die Lokomotivgeschichte eingegangen durch die Hallschen Aufsteckkurbeln bei Lokomotiven mit Außenrahmen.

Dann der Schöpfer der berühmten bayerischen S^{3}_{6}, *Anton Hammel* (geboren 1857, gestorben 1925).

Die Lokomotiven Maffeischer Prägung erkennt man an ihrer stattlichen äußeren Erscheinung, sie sind ästhetisch gegliedert, sie wirken irgendwie elegant und imposant.

3.2. Die Lokomotivfabrik Krauß & Comp. in München

Georg Krauß (Bild 7) ist am 25. Dezember 1826 in Augsburg geboren. Er war zunächst Schlosser bei Maffei, arbeitete bei den Kgl. Bay. Staatsbahnen – u.a. zwei Jahre lang als Lokomotivführer – und wurde 1857 dann Maschinenmeister bei der Schweizerischen Nordostbahn. 1866 gründete er seine Münchener Lokomotivfabrik (und 1880 eine weitere in Linz an der Donau). Die erste Dampflokomotive

Bild 6
Erste Maffei-Lokomotive »Der Münchner« aus dem Jahr 1841 (Archiv des Verkehrsmuseums Nürnberg)

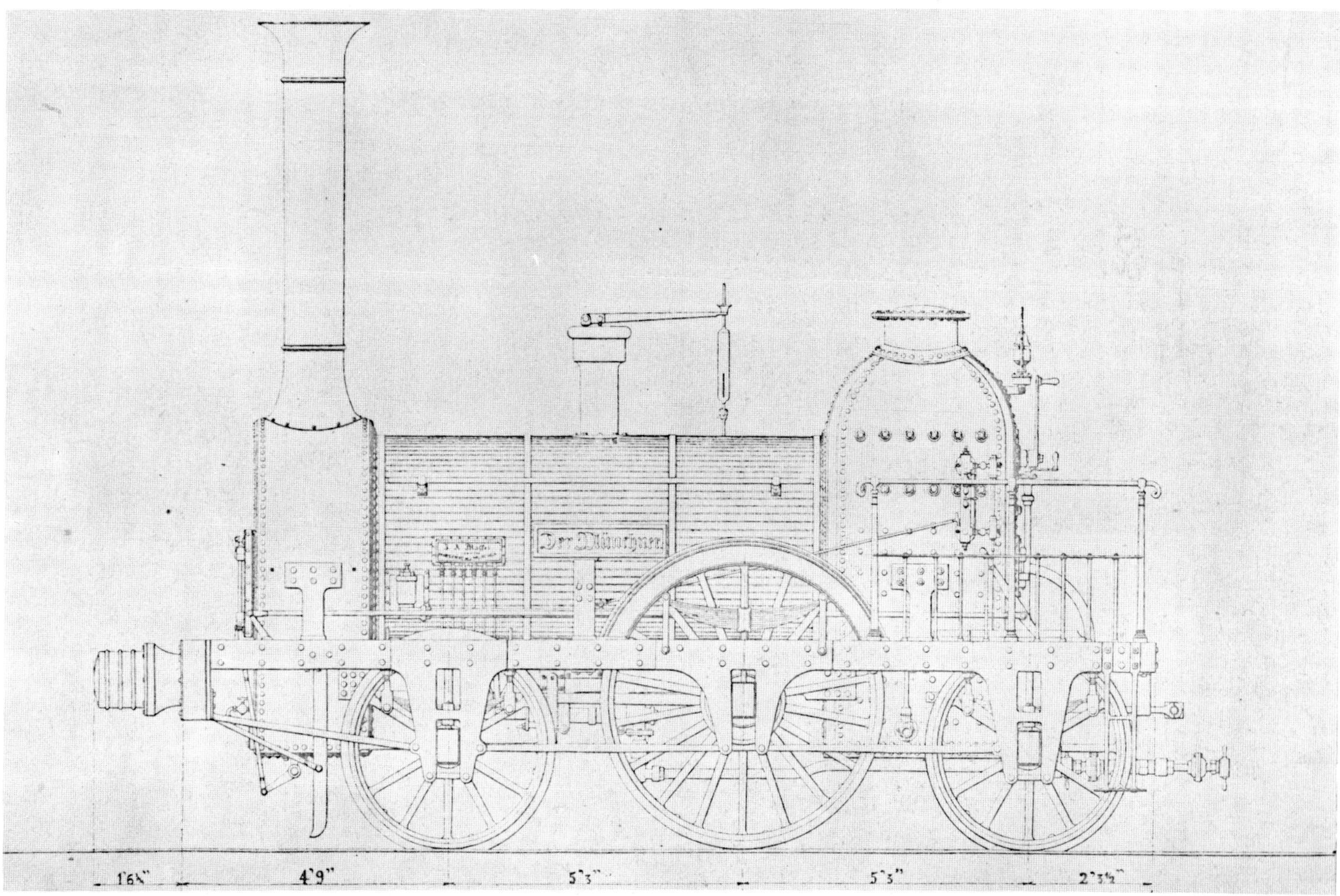

verließ 1867 das Werk; sie hieß »Landwührden« *(Bild 8)* und war von der Oldenburgischen Staatsbahn bestellt worden. Auf der Weltausstellung in Paris im Jahre 1867 erhielt sie die Goldmedaille. Heute steht sie im Nürnberger Verkehrsmuseum.
Krauß verlegte sich hauptsächlich auf den Bau leichter, billiger Tenderlokomotiven. Für sie schuf er den Kraußschen Kastenrahmen, der den Wasservorrat aufnimmt. Dieses Konstruktionselement ist kennzeichnend für die zahlreichen kleinen Lokomotiven, die er für Privatbahnen, Schmalspurbahnen und Feldbahnen baute.

Der Ausstoß stieg stetig an:

bis 1871 waren geliefert	100 Lokomotiven,
bis 1875	500 Lokomotiven,
bis 1882	1000 Lokomotiven,
bis 1888	2000 Lokomotiven,
bis 1894	3000 Lokomotiven,
bis 1899	4000 Lokomotiven,
bis 1905	5000 Lokomotiven,
bis 1909	6000 Lokomotiven,
bis 1921	8000 Lokomotiven.

Diese Maschinen gingen fast in alle Länder der Erde. Bis 1910 trafen auf Bayern 1260 Stück, auf das übrige Deutschland 1840, auf Österreich-Ungarn 1410, auf überseeische Länder 605, auf Italien 290, auf Rußland 270, Spanien 130, Frankreich 100 usw.
Gegen 1875 wendete sich Krauß auch dem Bau von Lokalbahnen und von Kleinbahnen zu und auch dabei war sein Prinzip, mit möglichst geringem finanziellen Aufwand und bei Beschränkung auf das Notwendigste selbst dort noch Eisenbahnen zu bauen, wo ein Projekt mit herkömmlichen Mitteln aussichtslos gewesen wäre. Als Schulbeispiel galt die 1879 von Krauß in 1 Meter-Spur geschaffene Feldabahn von Dorndorf nach Kaltennordheim in Thüringen.
Bei der Gründung der Lokalbahn-Aktien-Gesellschaft (LAG) München im Jahre 1887 übernahm Georg Krauß das Grundkapital von 1 Million Mark; er wurde zum Aufsichtsratsvorsitzenden berufen.

Bild 7
Georg Krauß (Krauß-Maffei-Werkfoto)

In der weiteren Entwicklung der Regelspurlokomotiven lenkte die Lokomotivfabrik Krauß & Comp. ihr besonderes Augenmerk auf gute Kurvenbeweglichkeit. Chefkonstrukteur *Richard von Helmholtz* (geboren 1852, gestorben 1934) erfand das Krauß-Helmholtz-Drehgestell, das im Jahre 1888 erstmals bei der bayerischen D VIII angewandt wurde.
1905 lieferte Krauß eine leichte Lokalbahnlokomotive für *Einmannbedienung*, die bayerische PtL $\frac{2}{2}$ mit halbselbsttätiger Schüttfeuerung.
Auch auf dem Gebiet der zentralisierten Weichen- und Signalbedienung ist die Firma Krauß tätig geworden; bis 1910 hatte sie schon etwa 600 Stellwerke für die Königlich Bayerischen Staatsbahnen nach dem System Schnabel & Hennig eingerichtet.

Georg Krauß hat 1903 das Startkapital von 100 000 Mark für das Deutsche Museum in München gespendet.
Die Technische Hochschule München verlieh ihm die Würde eines Doktors der technischen Wissenschaften.
Er starb am 5. November 1906 in München, wie J. A. Maffei im Alter von 80 Jahren.
Das Merkmal der Kraußschen Dampflokomotiven ist die einfache, leichte und billige Bauart; auf das schöne Äußere der Maschinen ist weniger Wert gelegt, manche Krauß-Lokomotive hat geradezu preußische Gesichtszüge, etwa die bayerische $R\frac{4}{4}$.

3.3 Die Lokomotivfabrik Krauß-Maffei AG. in München

ist 1931 durch Zusammenschluß der Lokomotivfabriken J. A. Maffei und Krauß & Comp. entstanden. 1956 hat die letzte Dampflokomotive mit der Fabriknummer 17 897 das Werk verlassen. Inzwischen war man längst zum Bau von elektrischen und von Diesellokomotiven übergegangen, auch andere Zweige der Fertigung wurden aufgenommen.
Am Eingang zum Fabrikgelände in Allach aber steht monumental und selbstbewußt die bayerische $S\frac{3}{6}$ mit der Betriebsnummer 18 528.

Bild 8
Erste Krauß-Lokomotive »LANDWÜHRDEN« aus dem Jahr 1867 (Archiv des Verkehrsmuseums Nürnberg)

3.4 Die Lieferungen der bayerischen Lokomotivfabriken an die Königlich Bayerischen Staatsbahnen und an die Königlich Privilegierte AG. der Bayerischen Ostbahnen sowie an deren Nachfolgerin.

Im Jahr	lieferte Maffei	Summe	lieferte Krauß	Summe
1844	4 A I	4		
1845	4 A I	4		
1846	—			
1847	2 A II, 3 B I, 1 C I	6		
1848	4 A II, 9 B I, 3 C I	16		
1849	8 B I	8		
1850	2 B I, 1 C I	3		
1851	2 A III, 7 B II	9		
1852	2 A III, 7 A IV, 7 B II, 8 B III	24		
1853	1 A IV, 8 A V, 9 B V	18		
1854	15 A V, 11 B V	26		
1855	1 A V, 9 B V	10		
1856	5 B V	5		
1857	1 A Ostb, 11 B V, 1 C II	13		
1858	11 A Ostb, 6 B V, 6 B V Ostb, 2 C II	25		
1859	12 A Ostb, 18 B V Ostb, 2 C II	32		
1860	17 B V, 12 B V Ostb	29		
1861	10 B V, 11 B V Ostb, 10 C II	31		
1862	16 B V, 1 B V Ostb, 6 C II, 4 C II Ostb	27		
1863	1 B V, 12 B V Ostb, 10 B VI, 6 C II, 8 C II Ostb	37		
1864	22 B VI, 3 C II	25		
1865	6 B V Ostb, 12 B VI, 15 C II	33		
1866	9 B VI, 13 C II, 2 D II Ostb	24		
1867	13 B VI, 13 C II, 8 C III Ostb, 2 D IV Ostb	36		
1868	1 B VI, 6 C III Ostb, 22 C III	29	6 B VII, 2 C II	8
1869	12 B VI, 2 E Ostb	14	8 C III	8
1870	22 B VI, 4 C III Ostb, 3 D IV Ostb	29		
1871	6 B VI, 20 C III, 6 D I, 5 D IV Ostb	37	13 C III	13
1872	6 B VIII, 1 B IX Ostb, 11 C III Ostb, 11 C III, 2 D IV Ostb	31	3 C III	3
1873	5 B IX Ostb, 1 C III Ostb, 33 C III	39	5 C III, 4 D II (I. Bes), 6 D III	15
1874	45 B IX, 10 C III Ostb, 5 C III, 5 D I	65	37 C III	37
1875	13 B IX Ostb, 5 B IX, 12 C III Ostb, 12 C III, 4 D I, 5 D IV	51	16 C III	16
1876	24 B IX, 9 C III, 7 D IV	40	2 C III, 13 D IV	15
1877	17 B IX, 6 D V	23	14 C III, 12 D IV	26
1878	7 B IX, 12 C III, 4 D V	23	5 C III, 21 D IV	26

Im Jahr	lieferte Maffei	Summe	lieferte Krauß	Summe
1879	12 C III, 8 D IV	20	8 D IV	8
1880	9 D VI	9	1 D VII	1
1881	1 D VI	1	4 D VII	4
1882	1 D VI	1	1 D VII	1
1883	19 D VI	19	4 D VI, 6 D VII	10
1884	1 C IV Zw, 1 D IV	2	4 D VI, 3 D VII	7
1885	11 C IV Zw, 1 D IV	12	4 D VI, 6 D VII, 2 LE	12
1886	6 D VII	6	1 D IV, 2 D VI, 6 D VII	9
1887	6 B IX, 3 D VII	9	3 D IV, 3 D VII	6
1888	4 C IV Zw, 5 D IX	9	3 D VIII	3
1889	7 D IV	7	6 B X, 6 C IV Zw, 2 C IV Vb, 2 PtL$\frac{3}{3}$	16
1890	10 C IV Zw, 8 D IV, 6 D VII, 5 D IX	29	3 D VI, 2 D VIII, 6 D X	11
1891	13 C IV Zw, 4 D VII	17	8 B X, 6 C IV Zw, 8 D IV, 2 D VI	24
1892	26 B XI Zw, 11 C IV Zw, 3 D VII, 3 D IX	43	12 C IV Zw, 6 C IV Vb, 6 D IV, 4 D VI, 7 D VII, 1 LE	36
1893	13 B XI Zw, 6 D IV, 3 D VII, 5 D IX	27	13 C IV Zw, 4 C IV Vb, 6 D IV, 5 D VIII, 3 D X	31
1894	14 C IV Vb, 9 D VII	23	18 C IV Vb	18
1895	31 B XI Vb, 3 D IV, 3 D XI	37	20 C IV Vb, 4 D VII, 5 D XI, 2 E I	31
1896	18 B XI Vb, 1 BB I, 1 C V, 15 D IX	35	1 AA I, 13 B XI Vb, 2 C IV Vb, 1 D XI, 10 E I	27
1897	16 B XI Vb, 15 C IV Vb, 10 D IX, 2 D XI	43	19 C IV Vb, 8 D IV, 4 D XI, 11 D XII, 2 E I	44
1898	4 D IX, 16 D XI	20	20 D II (II. Bes), 4 D VIII, 14 D XII, 1 LE, 2 PtL$\frac{3}{4}$	41
1899	10 B XI Vb, 3 BB II, 6 C V, 8 D IX, 10 D XI	37	8 C VI, 2 D XI, 12 D XII, 20 E I	42
1900	12 B XI Vb, 8 BB II, 6 C V, 25 C VI, 15 D II (II. Bes)	66	15 C VI, 19 D XI, 26 D XII, 7 E I, 1 LE, 1 PtL$\frac{3}{4}$	69
1901	14 BB II, 30 C V, 10 D II (II. Bes)	54	2 D XI, 19 D XII, 21 E I	42
1902	8 C VI, 10 D II (II. Bes)	18	7 C VI, 10 D II (II. Bes), 13 D XI	30
1903	4 BB II, 17 D XI, 9 S$\frac{3}{5}$	30	5 D VIII, 15 D XI, 2 D XII	22
1904	10 S$\frac{2}{5}$, 16 S$\frac{3}{5}$	26	6 C VI, 8 D II (II. Bes), 12 D XI, 12 D XII	38
1905	3 S$\frac{3}{5}$, 8 P$\frac{3}{5}$ N	11	14 C VI, 1 G$\frac{4}{5}$ N, 3 PtL$\frac{2}{2}$	18
1906	1 S$\frac{2}{6}$, 1 S$\frac{3}{5}$, 18 P$\frac{3}{5}$ N, 8 ML$\frac{2}{2}$	28	6 G$\frac{4}{5}$ N, 1 Pt$\frac{2}{4}$ H, 1 Pt$\frac{2}{5}$ H, 7 R$\frac{3}{3}$, 3 PtL$\frac{2}{2}$, 3 Pts	21
1907	11 S$\frac{3}{5}$, 10 P$\frac{3}{5}$ N, 11 ML$\frac{2}{2}$	32	10 G$\frac{3}{4}$ N, 8 Pt$\frac{2}{4}$ H, 9 Pt$\frac{2}{5}$ N, 8 R$\frac{3}{3}$	35
1908	2 BB II, 15 S$\frac{3}{5}$, 7 S$\frac{3}{6}$, 5 ML$\frac{2}{2}$	29	17 G$\frac{3}{4}$ N, 2 Pt$\frac{2}{4}$ H, 20 PtL$\frac{2}{2}$	39
1909	10 S$\frac{3}{5}$, 10 S$\frac{3}{6}$	20	3 D XI, 10 G$\frac{3}{4}$ N, 2 Pt$\frac{2}{3}$, 2 Pt$\frac{2}{4}$ N, 1 Pt$\frac{2}{4}$ II, 9 PtL$\frac{2}{2}$, 1 Gts$\frac{4}{4}$	28
1910	1 S$\frac{3}{6}$	1	1 D XI, 45 Pt$\frac{2}{3}$	46
1911	4 S$\frac{3}{5}$, 5 S$\frac{3}{6}$, 15 G$\frac{5}{5}$	24	11 D XI, 9 PtL$\frac{2}{2}$, 2 GtL$\frac{4}{4}$	22

Im Jahr	lieferte Maffei	Summe	lieferte Krauß	Summe
1912	17 S$\frac{3}{6}$	17	3 D XI, 27 Pt$\frac{2}{3}$, 3 PtzL$\frac{3}{4}$	33
1913	9 S$\frac{3}{6}$, 10 Gt 2x$\frac{4}{4}$	19	17 Pt$\frac{2}{3}$, 3 R$\frac{3}{3}$	20
1914	5 Gt 2x$\frac{4}{4}$	5	4 PtL$\frac{2}{2}$, 5 PtL$\frac{3}{4}$, 11 GtL$\frac{4}{4}$	20
1915	5 S$\frac{3}{6}$, 10 G$\frac{4}{5}$ H	15	—	—
1916	41 G$\frac{4}{5}$ H	41	11 G$\frac{4}{5}$ H, 6 Pt$\frac{2}{3}$	17
1917	4 S$\frac{3}{6}$, 57 G$\frac{4}{5}$ H	61	5 G$\frac{4}{5}$ H	5
1918	21 S$\frac{3}{6}$, 73 G$\frac{4}{5}$ H	94	4 G$\frac{4}{5}$ H, 13 R$\frac{4}{4}$	17
1919	38 G$\frac{3}{4}$ H, 29 G$\frac{4}{5}$ H	67	20 R$\frac{4}{4}$	20
1920	57 G$\frac{3}{4}$ H, 39 G$\frac{5}{5}$	**96**	49 G$\frac{3}{4}$ H	49
1921	80 P$\frac{3}{5}$ H, 5 G$\frac{3}{4}$ H, 1 G$\frac{5}{5}$	86	16 G$\frac{3}{4}$ H, 35 R$\frac{3}{3}$, 20 GtL$\frac{4}{4}$	71
1922	46 G$\frac{3}{4}$ H, 1 Gt 2x$\frac{4}{4}$	47	52 R$\frac{3}{3}$, 20 GtL$\frac{4}{4}$, 1 Pts	**73**
1923	14 S$\frac{3}{6}$, 14 G$\frac{3}{4}$ H, 25 G$\frac{5}{5}$, 9 Gt 2x$\frac{4}{4}$	62	10 Pt$\frac{3}{6}$, 3 R$\frac{3}{3}$, 30 GtL$\frac{4}{4}$, 1 PtzL$\frac{3}{4}$	44
1924	16 S$\frac{3}{6}$, 15 G$\frac{5}{5}$	31	4 R$\frac{4}{4}$, 17 GtL$\frac{4}{4}$	21
1925	—	—	5 R$\frac{4}{4}$	5
1926	—	—	—	—
1927	10 S$\frac{3}{6}$	10	17 GtL$\frac{4}{4}$	17
1928	9 S$\frac{3}{6}$	9	—	—
1929	—	—	5 98^{10}	5
1930	3 S$\frac{3}{6}$	3	7 98^{10}	7
1931	—	—	9 98^{10}	9

Im Jahr	lieferte Krauß-Maffei	Summe
1932	12 98^{10}	12
1933	12 98^{10}	12

3.5. *Von »ausländischen« Lokomotivfabriken wurden geliefert*

1844/45	8 A I	von der Maschinenfabrik Emil Keßler in Karlsruhe,
1844/45	8 A I	von der Lokomotivfabrik J. J. Meyer in Mülhausen (Elsaß),
1847/48	7 A II	von der Maschinenfabrik Emil Keßler in Karlsruhe,
1854/55	10 B III	von der Maschinenfabrik Richard Hartmann in Chemnitz,
1852	4 B IV	von der Maschinenfabrik Richard Hartmann in Chemnitz,
1852/53	6 B IV	von der Maschinenfabrik Eßlingen (Neckar),
1872/74	14 C III	von der Lokomotivfabrik Georg Sigl in Wien und Wiener Neustadt,
1899	2 E I	von den Baldwin-Lokomotivwerken in Philadelphia (USA),
1901	2 S$\frac{2}{5}$	von den Baldwin-Lokomotivwerken in Philadelphia (USA),
(1917)	1 Gts 2x$\frac{3}{3}$	von der Lokomotivfabrik Henschel & Sohn in Kassel,
1930/31	18 S$\frac{3}{6}$	von der Lokomotivfabrik Henschel & Sohn in Kassel.
Summe	80 Lokomotiven	

3.6. Zusammenstellung

Von Maffei wurden geliefert	2234 Lokomotiven =	59,9%	97,8%
von Krauß wurden geliefert	1392 Lokomotiven =	37,3%	
von Krauß-Maffei wurden geliefert	24 Lokomotiven =	0,6%	
von anderen wurden geliefert	80 Lokomotiven =	2,2%	
	3730 Lokomotiven =	100 %	

4. Ablieferung bayerischer Dampflokomotiven nach dem ersten Weltkrieg

Auf Grund der Bedingungen für den Waffenstillstand mußte Deutschland 5 000 Lokomotiven als eine der Reparationsleistungen an den »Feindbund« abliefern. *Bayern war mit 214 Maschinen dabei.*

4.1. Frankreich erhielt 139 bayerische Lokomotiven und zwar *16 bayerische Schnellzuglok S^3_6,* davon 12 nagelneue des Baujahres 1918 mit den Betriebsnummern

3665	3674
3666	3675
3668	3676
3669	3677
3670	3678
3672	3679,

ferner die S^3_6 von der Münchner Ausstellung 1908 mit dem bayerischen Wappen an der Rauchkammer *(Bild 9)* – Betriebsnummer 3602 – und schließlich die

3605
3618
3622.

22 bayerische Schnellzuglok S^3_5 mit den Betriebsnummern

3301	3328
3302	3330
3303	3332
3304	3334
3305	3335
3307	3336
3309	3338

Bild 9
Das bayerische Wappen-Emblem, das die S^3_6 Nr. 3602 seitlich an der Rauchkammer trug (Archiv des Verkehrsmuseums Nürnberg)

3310	3355
3311	3356
3317	3357
3321	3365.

17 bayerische Schnellzuglok C V mit den Betriebsnummern

2301	2325
2303	2326
2304	2329
2306	2330
2307	2334
2315	2336
2317	2337

2318	2343.
2322	

17 bayerische Personenzuglok P^{3}_{5} mit den Betriebsnummern

3804	3820
3806	3822
3807	3825
3809	3826
3811	3829
3812	3831
3814	3833
3817	3834.
3818	

48 bayerische Güterzuglok G^{4}_{5} *H,*
davon 33 nagelneue der Baujahre 1918/19 mit den Betriebsnummern

5555	5663
5631	5664
5633	5665
5634	5666
5635	5667
5636	5668
5637	5669
5641	5670
5649	5673
5651	5674
5652	5675
5654	5678
5656	5679
5658	5684
5660	5685
5661	5686,
5662	

ferner aus den Baujahren 1915 bis 1917 die Betriebsnummern

5505	5572
5507	5583
5514	5593
5516	5597
5527	5605
5533	5610
5550	5611.
5551	

7 bayerische Güterzuglok E I mit den Betriebsnummern

2055	2075
2056	2085
2057	2117.
2066	

11 bayerische Güterzuglok C IV Zw mit den Betriebsnummern bzw. Namen

1408	1461
1413	BAIERSDORF
1437	ROTHENKIRCHEN
1453	SCHWARZWALD
1459	SCHWEINFURT.
1460	

*1 bayerische Güterzuglok C IV Vb, Betriebs*nummer 1475.

4.2. Belgien erhielt 60 bayerische Lokomotiven und zwar

3 bayerische Schnellzuglok S^{3}_{6} mit den Betriebsnummern

3620
3646
3649.

2 bayerische Schnellzuglok S^{3}_{5} mit den Betriebsnummern 3349 und 3364.

14 bayerische Güterzuglok G^{4}_{5} *H,*
davon 7 nagelneue der Baujahre 1918/19 mit den Betriebsnummern

5653	5682
5676	5683
5677	5687,
5680	

ferner aus den Baujahren 1915 bis 1917 die Betriebsnummern

5154	5570
5522	5604
5532	5615, letztere wurde
5563	1920 zurückgegeben.

4 bayerische Güterzuglok G^{5}_{5} mit den Betriebsnummern

5803	5811
5805	5814.

12 bayerische Güterzuglok C VI/G^{3}_{4} *N* mit den Betriebsnummern

1569	1611
1581	1630

1589	1632
1590	1633
1591	1638
1608	1659.

2 bayerische Güterzuglok E I mit den Betriebsnummern 2074 und 2128.

5 bayerische Güterzuglok C IV Zw mit den Betriebsnummern bzw. Namen

1404	MAXBURG
1414	ORTLER.
DACHSTEIN	

5 bayerische Güterzuglok C IV Vb mit den Betriebsnummern

1446	1500
1494	1525.
1495	

9 bayerische Güterzuglok C III mit den Namen

BABENHAUSEN	LÜTZOW
BOBINGEN	SCHONUNGEN
COLUMBUS	SCHWARZENBERG
GANGKOFEN	VORRA.
JOHANNISBERG	

3 bayerische Güterzuglok C III Ostbahn mit den Betriebsnummern

1149
1166
1168.

1 bayerische Güterzuglok C II, Name: ACHILLES.

4.3. Polen erhielt 15 bayerische Lokomotiven und zwar

1 bayerische Schnellzuglok $S\frac{3}{5}$, Betriebsnummer 3333.

9 bayerische Güterzuglok C VI / $G\frac{3}{4}$ N mit den Betriebsnummern

1552	1603
1576	1604
1594	1616
1598	1646
	1662.

1 bayerische Güterzuglok E I, Betriebsnummer 2119.

4 bayerische Rangierlok D II / $R\frac{3}{3}$ mit den Betriebsnummern

2417	2461
2425	2483.

4.4. Diese Reparationsleistungen sind gerade *bei den Schnellzug- und Personenzuglokomotiven sehr schmerzlich gewesen:*

Von den 79 damals vorhandenen $S\frac{3}{6}$	mußten 19 abgeliefert werden = 24% ;
von den 69 $S\frac{3}{5}$	mußten 25 abgeliefert werden = 36% ;
von den 43 C V	mußten 17 abgeliefert werden = 40% ;
von den 36 $P\frac{3}{5}$ N	mußten 17 abgeliefert werden, 6 sind im Krieg auf andere Weise verloren gegangen = 64%.

Aber auch *bei den Güterzuglok*, die ja die Militärzüge zu fahren hatten, gab es starken Aderlaß:

62 von den 230 – erst 1915 geschaffenen – $G\frac{4}{5}$H	= 27% ;
4 (plus 4 Kriegsverluste) von den damals vorhandenen 15 modernen $G\frac{5}{5}$	= 53% ;
21 von den 120 C VI / $G\frac{3}{4}$ N	= 18% ;
10 von den 64 E I	= 16% ;
22 von den 187 C IV	= 12% .

Eine derartige Dezimierung des Lokomotivbestandes hatte natürlich auch bei den Bayerischen Staatsbahnen ernste Folgen in der Zugförderung gezeitigt. Um die prekäre Situation zu meistern mußten anfangs 1919 75 Lokomotiven von den Schweizer Bundesbahnen angemietet werden. Trotz der schwierigen Nachkriegszeit mußte der Neubau von Lokomotiven forciert werden.

5. Weiterbau und Neuschöpfung bayerischer Dampflokomotiven in der Reichsbahnzeit

Der 31. März 1920 bedeutete das Ende der Bayerischen Staatsbahnen; am 1. April 1920 gingen sie mit den Bahnen der anderen deutschen Länder an die damaligen Reichseisenbahnen über.

Aber bewährte bayerische Dampflokomotiven wurden in starken Serien weitergebaut und sogar eine neue, typisch bayerische Dampflok-Gattung geschaffen.

5.1. Übersicht über den Weiterbau

Bayerische Lok-Gattung	Erstmals geliefert im Jahre	Verluste im I. Weltkrieg und Reparationsleistungen	Bei Übernahme durch die Reichseisenbahnen vorhanden	Nach 1920 weitergebaut bis zum Jahr	Stückzahl
D II/R$\frac{3}{3}$	**1898**	4	87	1923	90
P$\frac{3}{5}$	1905	23	13	1921	80
	Die ersten Lieferungen (von 1905 bis 1907) waren Naßdampflok; die 13 noch vorhandenen Maschinen sind 1924/25 in Heißdampflok umgebaut worden. Die 80 Neubaulok stammen alle aus demselben Jahr (1921)!				
S$\frac{3}{6}$	1908	19	60	**1930**	70
	Weiterbau dieser bewährten bayerischen Lokomotive, obwohl schon seit 1925 die Einheitslok der Baureihe 01 den schweren Schnellzugsdienst übernommen hatten. – 30 Maschinen erhielten 1953 bis 1956 neue Kessel und neue Betriebsnummern (Baureihe 18^6).				
G$\frac{5}{5}$	1911	8	11	1924	76
GtL$\frac{4}{4}$	1911	—	13	1927	104
	29 Maschinen sind 1934 bis 1941 unter Zufügung einer vorderen Laufachse in 1 D-Lok umgebaut worden.				
Gt 2x$\frac{4}{4}$	1913	—	15	1923	10
R$\frac{4}{4}$	1918	—	33	1925	9
G$\frac{3}{4}$H	1919	—	61	1923	**164**
PtzL$\frac{3}{4}$	1912	—	3	1923	1
Pts	1906	—	3	1922	1
				zusammen	605

Hierher gehört auch die Pt$\frac{3}{6}$, die in der bayerischen Rheinpfalz erstmals als P 5 in Dienst gestellt wurde und die es dort bis 1923 auf 31 Stück gebracht hat. Von ihr wurden 1923 auch für die rechtsrheinischen bayerischen Strecken 10 Stück geliefert. Sie sollten die D XII/Pt$\frac{2}{5}$ N von 1897 ablösen. Zu größeren Stückzahlen kam es aber nicht mehr, weil schon die Einheitslok der Baureihe 64 im Vormarsch war.

Die 615 in der Reichsbahnzeit weitergebauten bayerischen Lokomotiven betrafen vor allem die infolge des I. Weltkrieges stark gelichteten Bestände an Schnellzug-, Personenzug- und Güterzuglok und die Aufstockung des Bestandes an Rangierlok und an Lokalbahnlok, der durch Ausmusterung alter Naßdampfmaschinen stark im Rückgang begriffen war.

5.2. *Eine echt bayerische Neuschöpfung*

war die Lokalbahnlokomotive der Baureihe 98^{10}; *leichte* Lokalbahnlok waren ja nicht in das Programm für Einheitslokomotiven aufgenommen worden. Für diesen Zweck entstand 1929 eine letzte bayerische Gattung, die Baureihe 98^{10} in der Achsanordnung D 1, die bis 1933 in 45 Exemplaren für die Reichsbahndirektionen in Bayern gebaut wurde. (Diese äußerlich schön gegliederte, fast graziöse Lokomotive ist für die Lokalbahn-Aktien-Gesellschaft München und für die Tegernseebahn noch zur 1 D 1 weiterentwickelt worden; 1936/37 wurden drei solche Maschinen in Dienst gestellt.)

5.3. *Nach dem Übergang der Bayerischen Staatsbahnen an die Reichseisenbahnen* sind demnach *noch* 605 plus 10 plus 45 = *660 bayerische Dampflokomotiven geliefert* worden, das sind – gemessen am Gesamtbestand an bayerischen Dampflok (=3730 Stück) – fast *18%*.

6. Eingliederung der bayerischen Dampflokomotiven in das Bezeichnungsschema der Deutschen Reichsbahn-Gesellschaft

6.1. Auch die nach dem 31. März 1920, das ist nach dem Ende der Bayerischen Staatsbahnen gebauten bayerischen Dampflokomotiven bekamen noch das bayerische Gattungszeichen und die bayerische Betriebsnummer.

Doch war man dabei, den von den sieben deutschen Ländereisenbahnen eingebrachten Lokomotivpark – soweit es sich nicht um überalterte, demnächst auszumusternde Maschinen handelte – in ein *neues, übersichtliches Nummernschema* zu packen, ein Schema, das natürlich auch für die Neubauten an Einheitslokomotiven genügend Platz bot.

Der Dampflok-Park der Ländereisenbahnen war ja recht buntscheckig; er umfaßte 275 Gattungen mit insgesamt etwa 28000 Maschinen; Bayern steuerte 58 Gattungen mit rund 2240 Dampflokomotiven bei.

Der endgültige Reichsbahn-Nummernplan von 1925 sah folgendes vor:

Die Betriebsnummer der Lokomotive besteht aus fünf oder sechs Ziffern, die ersten zwei davon gelten als Stammnummer.

Aufgliederung der *Stammnummern:*

01 bis 19	= Schnellzuglokomotiven,	Gattungsbuchstabe S
20 bis 39	= Personenzuglok,	Gattungsbuchstabe P
40 bis 59	= Güterzuglok,	Gattungsbuchstabe G
60 bis 79	= Personenzugtenderlok,	Gattungsbuchstabe Pt
80 bis 96	= Güterzugtenderlok,	Gattungsbuchstabe Gt
97	= Zahnradlok,	Gattungsbuchstabe Z
98	= Lokalbahnlok,	Gattungsbuchstabe L
99	= Schmalspurlok,	Gattungsbuchstabe K.

Die niedrigen Stammnummern einer Gruppe wurden den neuen Einheitslokomotiven zugewiesen, von denen *jede Bauart* eine eigene Stammnummer erhielt, z. B. 01, 03 usw. Die hohen Stammnummern wurden auf die zu übernehmenden Länderbahnlokomotiven aufgeteilt, wobei auf *jede Achsanordnung* eine besondere Stammnummer traf, die mit der Gesamtachszahl stieg, z. B.

53 = C–Güterzuglok,
54 = 1 C–Güterzuglok,
55 = D–Güterzuglok,
56 = 1 D–Güterzuglok,
57 = E–Güterzuglok,
58 = 1 E–Güterzuglok,
59 = 1 F–Güterzuglok.

Die anderen Ziffern der Betriebsnummer stellen die *Ordnungsnummer* dar; ihre Hunderterreihen wurden wie folgt verteilt:

Preußen/Hessen (= niedrigste Hunderterreihe)
Mecklenburg
Bayern
Sachsen
Württemberg
Baden
Oldenburg.

Bei den Zahnradlok, den Lokalbahnlok und den Schmalspurlok, denen ja nur je eine Stammnummer (nämlich 97, 98 und 99) vorbehalten wurde, sind die Achsanordnungen und die Länder- bzw. Einheits-

bauarten durch die Hunderter- und Zehnerreihen der Ordnungsnummern unterschieden.
Dampflokomotiven, die in Bälde ausgemustert werden sollten, bekamen Ordnungsnummern über 7000.

Das *Betriebsgattungszeichen* bestand aus dem oder den Gattungsbuchstaben und zwei, durch einen Punkt getrennten Zahlen, z. B. Pt 23.14. Dies symbolisierte eine Personenzugtenderlok mit 2 gekuppelten, insgesamt aber 3 Achsen und 14 t Achslast.
Die Betriebsgattungszeichen waren aber nicht eindeutig, es gab z. B. zehn verschiedene G 33.13.
Gegen 1960 verließ man diese Bezeichnung wieder, entfernte auch die entsprechenden Schildchen an den Lokomotiven und benannte die »Bauartreihe« präziser mit der Stammnummer und – hochgestellt – der Länder-Hunderterreihe, z. B. 38^4.
Der etwas umständliche Ausdruck »Bauartreihe« schliff sich im Lauf der Zeit zu »*Baureihe*« ab.

Die *Beschilderung* an den Führerhausseitenwänden zeigt *Bild 190:*

oben die Eigentumsverwaltung »Deutsche Reichbahn«
darunter die Betriebsnummer
unten das Betriebsgattungszeichen (das Dreieck bedeutet, daß Bauteile der Lok, z. B. der Schlotaufsatz das Lichtraumprofil überschreiten; der Balken über dem Dreieck besagt, daß diese Teile abgenommen werden können)
und die Reichbahndirektion und das Bahnbetriebswerk, wo die Lokomotive beheimatet ist.

Die Betriebsnummer war außerdem vorn an der Rauchkammer und an der Führerhaus- oder Tenderrückwand angebracht.
Ursprünglich war die Beschriftung auf den schwarzen Schildern in Messing und in recht klobigen Zahlen ausgeführt, später in Weißmetall und in etwas gefälligerer Form in einer zweiten und schließlich in einer dritten Schriftart (siehe *Bilder 184, 35 und 48).*
Die bisherigen Fabrikschilder blieben an ihrem Platz.

6.2. Umzeichnung der bayerischen Dampflokomotiven – geordnet nach den neuen Betriebsnummern –
In die Gruppe der *Schnellzuglokomotiven* (= Stammnummern 01 bis 19) wurden eingereiht:

Stückzahl	bayer. Gattung	geliefert von / bis	Triebwerkbezeichnung	Treibraddurchmesser mm	Höchstgeschw. km/h	neues Betriebsgattungszeichen	neue Betriebsnummern
5	$S\frac{2}{5}$	1904	2 B 1 n 4 v	2000	110	S 25.16	14 141–14 145
22	C V	1896–1901	2 C n 4 v	1870	90	S 35.15	17 301–17 322
20	$S\frac{3}{5}$ N	1903–1907	2 C n 4 v	1870	110	S 35.15	17 401–17 420
24	$S\frac{3}{5}$ H	1906–1911	2 C h 4 v	1870	110	S 35.16	17 501–17 524
24	$S\frac{3}{6}$	1908–1913	2 C 1 h 4 v	1870	120	S 36.16	18 401–18 424
18	$S\frac{3}{6}$	1912–1913	2 C 1 h 4 v	2000	120	S 36.16	18 441–18 458
88	$S\frac{3}{6}$	1915–1930	2 C 1 h 4 v	1870	120	S 36.17, S 36.18	18 461–18 548
(30	$S\frac{3}{6}$ Umbau	1953–1956	2 C 1 h 4 v	1870	120	—	18 601–18 630)

In die Gruppe der *Personenzuglokomotiven* (= Stammnummern 20–39) wurden eingereiht:

8	B XI Zw	1892–1893	2 B n 2	1870	90	P 24.14	36 701–36 708
76	B XI Vb	1895–1900	2 B n 2 v	1870	90	P 24.15	36 751–36 826
1	$P\frac{2}{4}$	1896	2 B h 2	1870	90	P 24.15	36 861

Stück-zahl	bayer. Gattung	geliefert von / bis	Triebwerk-bezeichnung	Treibrad-durchmesser mm	Höchst-geschw. km/h	neues Betriebsgattungs-zeichen	neue Betriebsnummern
13	P$\frac{3}{5}$N	1905–1907	2 C n 4 v	1640	90	P 35.14	38 001–38 013
80	P$\frac{3}{5}$H	1921	2 C h 4 v	1640	90	P 35.15	38 401–38 480
In die Gruppe der *Güterzuglokomotiven* (= Stammnummern 40–59) wurden eingereiht:							
66	C IV Zw	1884–1893	C n 2	1340	50	G 33.13	53 8011–53 8076
88	C IV Vb	1889–1897	C n 2 v	1340	50	G 33.14	53 8081–53 8168
64	C VI	1899–1905	1 C n 2 v	1340	60	G 34.14	54 1301–54 1364
32	G$\frac{3}{4}$N	1907–1909	1 C n 2 v	1340	60	G 34.14	54 1401–54 1432
225	G$\frac{3}{4}$H	1919–1923	1 C h 2	1350	65	G 34.16	54 1501–54 1725
4	G$\frac{4}{5}$N	1905–1906	1 D n 2	1270	60	G 45.14	56 401 –56 404
169	G$\frac{4}{5}$H	1915–1919	1 D h 4 v	1300	60	G 45.16	56 801 –56 809 56 901 –56 1035 56 1101–56 1125
87	G$\frac{5}{5}$	1911–1924	E h 4 v	1270	60	G 55.15 G 55.16 G 55.17	57 501 –57 507 57 511 –57 590
In die Gruppe der *Personenzugtenderlok* (= Stammnummern 60–79) wurden eingereiht:							
97	Pt$\frac{2}{5}$	1909–1916	1 B h 2	1250	65	Pt 23.14	70 001 –70 097
54	D IX	1888–1899	1 B n 2	1340	65	Pt 23.12	70 7101–70 7154
12	Pt$\frac{2}{4}$H	1906–1909	1 B 1 h 2	1546	75	Pt 24.16	71 201 –71 212
2	Pt$\frac{2}{4}$N	1909	2 B n 2	1250	65	Pt 24.13	72 101 –72 102
94	D XII	1897–1904	1 B 2 n 2	1640	90	Pt 25.15	73 031 –73 124
9	Pt$\frac{2}{5}$N	1907	1 B 2 n 2	1640	90	Pt 25.15	73 131–73 139
1	Pt$\frac{2}{5}$H	1906	1 B 2 h 2	1640	90	Pt 25.16	73 201
10	Pt$\frac{3}{6}$	1923	1 C 2 h 2	1500	90	Pt 36.16	77 110–77 119
In die Gruppe der *Güterzugtenderlok* (= Stammnummern 80–96) wurden eingereiht:							
101	D IV	1875–1897	B n 2	1006	45	Gt 22.14	88 7101–88 7201
70	D II (II.Bes)	1898–1904	C n 2	1216	45	Gt 33.15	89 601 –89 670
107	R$\frac{3}{3}$	1906–1923	C n 2	1216	45	Gt 33.15 Gt 33.16	89 701 –89 717 89 801 –89 890
10	D V	1877–1878	C n 2	1194	45	Gt 33.15	89 8101–89 8110
42	R$\frac{4}{4}$	1918–1925	D n 2	1216	45	Gt 44.16 Gt 44.17	92 2008–92 2049
25	Gt 2x$\frac{4}{4}$	1913–1923	D + D h 4 v	1216	50	Gt 88.15 Gt 88.16	96 001–96 025
In die Gruppe der *Zahnradlokomotiven* (= Stammnummer 97) wurden eingereiht:							
4	PtzL$\frac{3}{4}$	1912–1923	C 1 b h 4 v	1006	45	Z 34.15	97 101–104
In die Gruppe der *Lokalbahnlokomotiven* (= Stammnummer 98) wurden eingereiht:							
22	PtL$\frac{2}{2}$	1908–1914	B h 2	1006	50	L 22.11	98 301–98 322
139	D XI	1895–1912	C 1 n 2	1006	45	L 34.10 L 34.11	98 411–98 423 98 431–98 556

Stück-zahl	bayer. Gattung	geliefert von / bis	Triebwerk-bezeichnung	Treibrad-durchmesser mm	Höchst-geschw. km/h	neues Betriebsgattungs-zeichen	neue Betriebsnummern
8	PtL$\frac{3}{4}$	1899–1914	C 1 n 2	1006	45	L 34.11	98 561–98 568
18	D VIII	1888–1903	C 1 n 2	1006	45	L 34.12	98 661–98 669
							98 671–98 679
31	BB II	1899–1908	B + B n 4 v	1006	45	L 44.11	98 701–98 731
117	GtL$\frac{4}{4}$	1911–1927	D h 2	1006	40	L 44.11	98 801–98 917
						L 44.12	
45	Neubau	1929–1933	D 1 h 2	1006	45	L 45.11	98 1001–98 1045
(29	GtL$\frac{4}{4}$Umbau	1934–1941	1 D h 2	1006	55	L 45.11	98 1101–98 1129)
26	D VI	1880–1894	B n 2	1006	45	L 22.9	98 7501–98 7526
75	D VII	1880–1895	C n 2	1006	45	L 33.9	98 7601–98 7614
							98 7621–98 7681
2	PtL$\frac{3}{5}$	1889	C n 2	920	45	L 33.9	98 7691–98 7692
9	D X	1890–1893	C 1 n 2	1006	45	L 34.11	98 7701–98 7709

In die Gruppe der *Schmalspurlokomotiven* (= Stammnummer 99) wurden eingereiht:

5	LE	1885–1900	C n 2	800	30	K 33.6	99 071–99 075
3	Pts	1906–1922	1 C h 2	800	30	K 34.8	99 131–99 133
1	Gts$\frac{4}{4}$	1909	D n 2	800	30	K 44.7	99 151
1	Gts 2x$\frac{3}{3}$	1917	C + C h 4 v	900	30	K 66.9	99 201

6.3. Gegenüberstellung der bayerischen Gattungsbezeichnungen und der neuen Baureihen

B XI Zw	wurde Baureihe	36^{7}
B XI Vb	wurde Baureihe	36^{7-8}
BB II	wurde Baureihe	98^{7}
C IV Zw	wurde Baureihe	53^{80}
C IV Vb	wurde Baureihe	53^{80-81}
C V	wurde Baureihe	17^{3}
C VI	wurde Baureihe	54^{13}
D II (II. Bes)	wurde Baureihe	89^{6}
D IV	wurde Baureihe	88^{71-72}
D V	wurde Baureihe	89^{81}
D VI	wurde Baureihe	98^{75}
D VII	wurde Baureihe	98^{76}
D VIII	wurde Baureihe	98^{6}
D IX	wurde Baureihe	70^{71}
D X	wurde Baureihe	98^{77}
D XI	wurde Baureihe	98^{4-5}
D XII	wurde Baureihe	73^{0-1}
S$\frac{2}{5}$	wurde Baureihe	14^{1}
S$\frac{3}{5}$	wurde Baureihe	17^{4}, 17^{5}
S$\frac{3}{6}$	wurde Baureihe	18^{4}, 18^{5}
P$\frac{2}{4}$	wurde Baureihe	36^{8}
P$\frac{3}{5}$	wurde Baureihe	38^{0}, 38^{4}
G$\frac{3}{4}$N	wurde Baureihe	54^{14}
G$\frac{3}{4}$H	wurde Baureihe	54^{15-17}
G$\frac{4}{5}$N	wurde Baureihe	56^{4}
G$\frac{4}{5}$H	wurde Baureihe	56^{8-11}
G$\frac{5}{5}$	wurde Baureihe	57^{5}
Pt$\frac{2}{3}$	wurde Baureihe	70^{0}
Pt$\frac{2}{4}$N	wurde Baureihe	72^{1}
Pt$\frac{2}{4}$H	wurde Baureihe	71^{2}
Pt$\frac{2}{5}$N	wurde Baureihe	73^{1}

Pt $\frac{2}{5}$ H	wurde Baureihe	73^{2}
Pt $\frac{3}{6}$	wurde Baureihe	77^{1}
Gt 2 x $\frac{4}{4}$	wurde Baureihe	96^{0}
R $\frac{3}{3}$	wurde Baureihe	89^{7-8}
R $\frac{4}{4}$	wurde Baureihe	92^{20}
PtL $\frac{2}{2}$	wurde Baureihe	98^{3}
PtL $\frac{3}{3}$	wurde Baureihe	98^{76}
PtL $\frac{3}{4}$	wurde Baureihe	98^{5}
GtL $\frac{4}{4}$	wurde Baureihe	98^{8-9}
PtzL $\frac{3}{4}$	wurde Baureihe	97^{1}
LE	wurde Baureihe	99^{07}
Gts $\frac{4}{4}$	wurde Baureihe	99^{15}
Gts 2 x $\frac{3}{3}$	wurde Baureihe	99^{20}
Pts	wurde Baureihe	99^{13}

6.4. Die letzten Umzeichnungen bayerischer Dampflokomotiven

Am 1. Januar 1968 wurde ein neues Bezeichnungsschema für die Triebfahrzeuge der Deutschen Bundesbahn eingeführt. Bei ihm symbolisiert die erste Ziffer der sechsstelligen Betriebsnummer die Fahrzeugart:

0 = Dampflokomotive,
1 = elektrische Lokomotive,
2 = Brennkraftlokomotive usw.

An die Betriebsnummer wird durch Bindestrich eine Kontrollziffer angehängt, mittels der die Rechenanlage Abschreibfehler feststellt.

An bayerischen Dampflokomotiven standen aber nur noch im Dienst:

die 98 812, die in 098 812 – 1 *(siehe Bild 204),*
die 98 886, die in 098 886 – 5 umgetauft wurde und
die 98 1125, die die neue Nummer 097 125–9 erhielt.

Die 18 505 des Lokomotivversuchsamtes Minden (Westf.) bekam die Betriebsnummer 018 505–8. Sie gehörte jedoch nicht mehr zum Betriebsbestand.

7. Übernahme von Privatbahnlokomotiven

Nach der Verstaatlichung der Königlich Privilegierten AG. der Bayerischen Ostbahnen (vgl. Abschnitt 1.2.) gab es in Bayern nur noch wenige Privatbahnen mit geringer Streckenlänge.

Von ihnen hat bloß die *Lokalbahn-Aktien-Gesellschaft München* (LAG) Dampflokomotiven an die Königlich Bayerischen Staatsbahnen bzw. an die Deutsche Reichsbahn abgegeben.

7.1. Bei der Verstaatlichung der LAG-Strecke Murnau – Garmisch-Partenkirchen am 1. Januar 1908 wurden übernommen:

die LAG-Betriebsnummern	bei den Kgl. Bay. Sts. B. eingereiht als
62 bis 64 (I. Bes)	PtL $\frac{3}{4}$ Nr. 2762 bis 2764
9 und 10	PtL $\frac{3}{3}$ Nr. 1875 und 1876.

Diese sind bereits in den Abschnitten 2 und 6 erfaßt worden.

7.2. Bei der Verstaatlichung der LAG-Strecken

Fürth (Bay.) – Cadolzburg
Marktoberdorf – Füssen
München Isartalbf – Bichl
Sonthofen – Oberstdorf

und der Schmalspurbahn Regensburg-Reinhausen – Wörth (Donau) – (Walhallabahn) – am 1. August 1938 wurden 34 Dampflokomotiven übernommen und für sie als neue Baureihen eingerichtet:

98^{15}
98^{16}
98^{17}
98^{18}
98^{71}
98^{72}
98^{73}
99^{25}
99^{26}.

Während des II. Weltkrieges gelangten auch Maschinen von den *Lausitzer Strecken der LAG* nach Bayern. Für sie wurden die Baureihen 98^{74} und 98^{76} (II. Besetzung) geschaffen, die eigentlich nicht nötig gewesen wären, denn die Baureihe 98^{74} entsprach durchaus den Lokomotiven 98 7301 bis 98 7307 und die Baureihe 98^{76} (II. Bes.) war die gleiche wie die Baureihe 98^{15}.
Einzelheiten sind aus den folgenden Listen ersichtlich.

NB: Die Dampflokomotiven der anderen bayerischen Privatbahnen sind behandelt worden in: Zintl, »Bayerische Nebenbahnen«, erschienen 1977 im Motorbuch-Verlag Stuttgart.

Baureihe 98^{15}

neue Gattung L 34.11
Rostfläche 1,4 m^2
Heizfläche 70,01 m^2
Dampfüberdruck 14 atü
Treibraddurchmesser 996 mm
Höchstgeschwindigkeit 50 km/h

wie Baureihe 98^{76}; ähnlich bayer. DVIII
Triebwerksbez. C1 n2v
Wasservorrat 4,0 m^3
Kohlevorrat 2 t
Dienstgewicht 42,34 t
Länge über Puffer 9,692 m
Indizierte Leistung 300 PS

Lfd. Nr.	Betriebs-Nummer neu	alt	geliefert durch	geliefert im Jahr	Fabrik-Nummer	Bemerkungen
1	98 1501	50	Krauß	1897	3597	41,5 t Dienstgewicht
2	98 1502	55	Krauß	1899	3936	
3	98 1503	56	Krauß	1899	3937	
4	98 1504	69	Krauß	1907	5674	
5	98 1505	70	Krauß	1907	5675	
6	98 1506	72	Krauß	1908	5943	
7	98 1507	73	Krauß	1908	5944	
8	98 1508	74	Krauß	1910	6178	
9	98 1509	75	Krauß	1910	6179	
10	98 1510	76	Krauß	1910	6180	

Ausmusterung 1950

Baureihe 98^{16}

neue Gattung L 44.11
Rostfläche 1,34 m^2
Heizfläche (ohne Überhitzer) 61,41 m^2
Dampfüberdruck 12 atü
Treibraddurchmesser 1006 mm
Höchstgeschwindigkeit 40 km/h

wie bayer. GtL $\frac{4}{4}$
Triebwerksbez. D h2
Wasservorrat 5,0 m^3
Kohlevorrat 2 t
Dienstgewicht 44,3 t
Länge über Puffer 9,25 m
Indizierte Leistung 450 PS

Lfd. Nr.	Betriebs-Nummer neu	alt	geliefert durch	geliefert im Jahr	Fabrik-Nummer	Bemerkungen
1	98 1601	80	Krauß	1922	8031	
2	98 1602	81	Krauß	1922	8032	

Ausmusterung 1957/58

Baureihe **98**[17]
neue Gattung L 45.12
Rostfläche 1,34 m^2
Heizfläche (ohne Überhitzer) 61,41 m^2
Dampfüberdruck 13 atü
Treibraddurchmesser 1100 mm
Höchstgeschwindigkeit 60 km/h

ähnlich bayer. 98[10]
Triebwerksbez. D1 h2 (Bild 10)
Wasservorrat 6,3 m^3
Kohlevorrat 2,7 t
Dienstgewicht 55 t
Länge über Puffer 10,182 m
Indizierte Leistung 450 PS

Lfd. Nr.	Betriebs-Nummer neu	alt	geliefert durch	geliefert im Jahr	Fabrik-Nummer	Bemerkungen
1	98 1701	84	Krauß-Maffei	1935	15 543	
2	98 1702	85	Krauß-Maffei	1935	15 544	
3	98 1703	86	Krauß-Maffei	1936	15 586	

Ausmusterung 1960/61

Baureihe **98**[18]
neue Gattung L 46.11
Rostfläche 1,74 m^2
Heizfläche (ohne Überhitzer) 66,05 m^2
Dampfüberdruck 14 atü
Treibraddurchmesser 1100 mm
Höchstgeschwindigkeit 70 km/h

Mit dieser Gattung endete die Entwicklung bayerischer Lokalbahnlokomotiven
Triebwerksbez. 1D1 h2 (Bild 11)
Wasservorrat 6,3 m^3
Kohlevorrat 2,7 t
Dienstgewicht 60,72 t
Länge über Puffer 11,60 m
Indizierte Leistung 470 PS

Lfd. Nr.	Betriebs-Nummer neu	alt	geliefert durch	geliefert im Jahr	Fabrik-Nummer	Bemerkungen
1	98 1801	87	Krauß-Maffei	1937	15 633	
2	98 1802	88	Krauß-Maffei	1937	15 634	

Ausmusterung 1960

Baureihe **98**[71]
neue Gattung L 33.10
Rostfläche 1,0 m^2
Heizfläche 54,06 m^2
Dampfüberdruck 13 atü
Treibraddurchmesser 920 mm
Höchstgeschwindigkeit 30 km/h

Triebwerksbez. Cn2v (Bild 12)
Wasservorrat 3,5 m^3
Kohlevorrat 1,17 t
Dienstgewicht 29,1 t
Länge über Puffer 7,68 m
Indizierte Leistung 175 PS

Lfd. Nr.	Betriebs-Nummer neu	alt	geliefert durch	geliefert im Jahr	Fabrik-Nummer	Bemerkungen
1	98 7101	42	Krauß	1895	3252	
2	98 7102	43	Krauß	1895	3334	

1942/43 an Augsburger Localbahn AG verkauft

Bild 10
LAG-Lokomotive 98 1703, mit anderen abgestellt in Kempten, Frühjahr 1961

Bild 11
LAG-Lokomotive 98 1801 in Buchloe, Frühjahr 1960

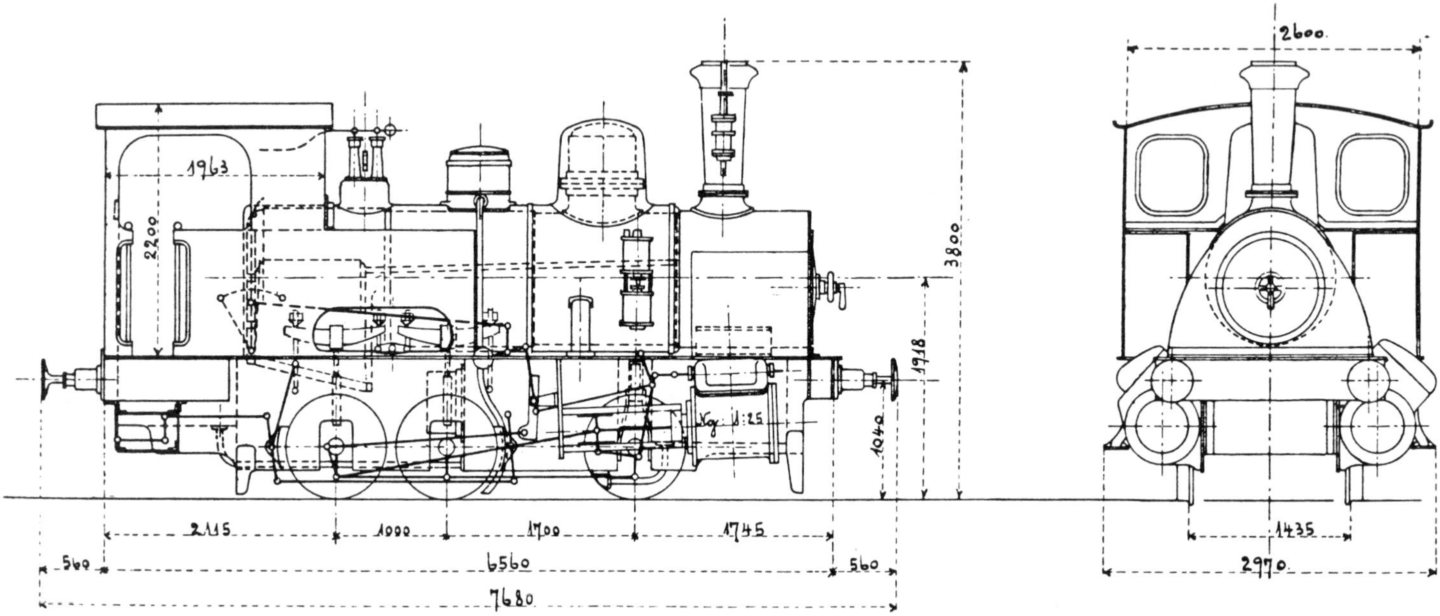

Bild 12
Skizze der LAG-Lokomotiven 98 7101–98 7102

Baureihe **98**[72]
neue Gattung L 34.9
Rostfläche 1,3 m^2
Heizfläche 66,2 m^2
Dampfüberdruck 12 atü
Treibraddurchmesser 1090 mm
Höchstgeschwindigkeit 50 km/h

Zwillingsausführung der 98 7301–98 7307
Triebwerksbez. 1Cn2
Wasservorrat 4,0 m^3
Kohlevorrat 1,36 t
Dienstgewicht 34,95 t
Länge über Puffer 8,09 m
Indizierte Leistung 250 PS

Lfd. Nr.	Betriebs-Nummer neu	alt	geliefert durch	geliefert im Jahr	Fabrik-Nummer	Bemerkungen
1	98 7201	27	Krauß	1892	2616	
2	98 7202	28	Krauß	1892	2617	

Ausmusterung 1950

Rechte Seite:

oben:
Bild 13
LAG-Lokomotive 98 7304, abgestellt in Fürth-Unterfürberg, Frühjahr 1949, z.T. schon demontiert

unten:
Bild 14
LAG-Lokomotive 98 7309, abgestellt in Fürth-Unterfürberg, Frühjahr 1949

98 7304

98 7309

Baureihe **98⁷³⁰¹⁻⁰⁷**
neue Gattung L 34.9

Rostfläche 1,3 m^2
Heizfläche 66,2 m^2
Dampfüberdruck 14 atü
Treibraddurchmesser 1090 mm
Höchstgeschwindigkeit 50 km/h

Typische LAG-Lokomotive; wie Baureihe 98^{74};
manchmal auch als D XX bezeichnet
Triebwerksbez. 1Cn2v (Bild 13)
Wasservorrat 4,0 m^3
Kohlevorrat 1,36 t
Dienstgewicht 34,95 t
Länge über Puffer 8,09 m
Indizierte Leistung 250 PS

Lfd. Nr.	Betriebs-Nummer neu	alt	geliefert durch	geliefert im Jahr	Fabrik-Nummer	Bemerkungen
1	98 7301	17	Krauß	1890	2269	12 atü
2	98 7302	19	Krauß	1890	2271	12 atü; bei DR in Zwillingslok umgebaut
3	98 7303	23	Krauß	1891	2430	bei DR in Zwillingslok umgebaut
4	98 7304	24	Krauß	1891	2431	bei DR in Zwillingslok umgebaut
5	98 7305	25	Krauß	1891	2432	bei DR in Zwillingslok umgebaut
6	98 7306	47	Krauß	1897	3523	bei DR in Zwillingslok umgebaut
7	98 7307	48	Krauß	1897	3524	bei DR in Zwillingslok umgebaut

Ausmusterung 1950

Baureihe **98⁷³⁰⁸⁻⁰⁹**
neue Gattung L 34.10

Rostfläche 1,4 m^2
Heizfläche 71,91 m^2
Dampfüberdruck 14 atü
Treibraddurchmesser 996 mm
Höchstgeschwindigkeit 40 km/h

Völlig anderes Aussehen als 98 7301–07;
Wasserkästen neben Rauchkammer
Triebwerksbez. 1Cn2v (Bild 14)
Wasservorrat 4,35 m^3
Kohlevorrat 1,6 t
Dienstgewicht 41,7 t
Länge über Puffer 9,67 m
Indizierte Leistung 300 PS

Lfd. Nr.	Betriebs-Nummer neu	alt	geliefert durch	geliefert im Jahr	Fabrik-Nummer	Bemerkungen
1	98 7308	59	Krauß	1900	4225	
2	98 7309	60	Krauß	1900	4226	

Ausmusterung 1950

Baureihe **98**[74]
neue Gattung L 34.8

Rostfläche 1,3 m^2
Heizfläche 66,2 m^2
Dampfüberdruck 13 atü
Treibraddurchmesser 1090 mm
Höchstgeschwindigkeit 40 km/h

für LAG-Strecken in der Lausitz;
wie 98 7301 – 98 7307
Triebwerksbez. 1C n2v
Wasservorrat 4,0 m^3
Kohlevorrat 1,36 t
Dienstgewicht 34,95 t
Länge über Puffer 8,09 m
Indizierte Leistung 250 PS

Lfd. Nr.	Betriebs-Nummer neu	alt	geliefert durch	geliefert im Jahr	Fabrik-Nummer	Bemerkungen
1	98 7401	40	Krauß	1895	3198	
2	98 7402	41	Krauß	1895	3199	
3	98 7403	44	Krauß	1896	3511	
4	98 7404	49	Krauß	1897	3545	

Ausmusterung 1950

Baureihe **98**[76] (II. Besetzung)
neue Gattung L 34.10

Rostfläche 1,4 m^2
Heizfläche 70,01 m^2
Dampfüberdruck 14 atü
Treibraddurchmesser 996 mm
Höchstgeschwindigkeit 40 km/h

für LAG-Strecken in der Lausitz;
wie Baureihe 98[15]
Triebwerksbez. C1 n2v (Bild 15)
Wasservorrat 4,0 m^3
Kohlevorrat 2,0 t
Dienstgewicht 42,34 t
Länge über Puffer 9,692 m
Indizierte Leistung 300 PS

Lfd. Nr.	Betriebs-Nummer neu	alt	geliefert durch	geliefert im Jahr	Fabrik-Nummer	Bemerkungen
1	98 7601	51	Krauß	1897	3598	41,5 t Dienstgewicht
2	98 7602	52	Krauß	898	3751	41,5 t Dienstgewicht
3	98 7603	53	Krauß	1898	3752	41,5 t Dienstgewicht
4	98 7604	54	Krauß	1898	3753	41,5 t Dienstgewicht
5	98 7605	57	Krauß	1899	3938	
6	98 7606	58	Krauß	1899	3939	

Ausmusterung 1950

Bild 15
LAG-Lokomotive Nr. 51, später 98 7601, als Werklokomotive in Marktredwitz, Herbst 1962

unten:
Bild 16
LAG-Schmalspurlokomotive 99 253 (»Walhallabockerl«) mit ihrem Züglein in Regensburg-Reinhausen, Frühjahr 1949

Bild 17
LAG-Schmalspurlokomotive 99 261 in Regensburg-Kalkwerke, Sommer 1956

Baureihe **99^{25}**
neue Gattung K 34.5

Schmalspur 1,0 m; „Walhallabockerl“
Triebwerksbez. C1 n2 (Bild 16)

Rostfläche 0,56 m^2
Heizfläche 31,21 m^2
Dampfüberdruck 12 atü
Treibraddurchmesser 720 mm
Höchstgeschwindigkeit 35 km/h

Wasservorrat 2,3 m^3
Kohlevorrat 0,8 t
Dienstgewicht 17,4 t
Länge über Puffer 7,60 m
Indizierte Leistung 100 PS

Lfd. Nr.	Betriebs-Nummer neu	alt	geliefert durch	geliefert im Jahr	Fabrik-Nummer	Bemerkungen
1	99 251	61	Krauß	1902	4823	
2	99 252	67	Krauß	1904	5173	
3	99 253	62 II. Bes.	Krauß	1908	5929	1,047 t Kohlevorrat

Ausmusterung 1960

Baureihe **99^{26}**
neue Gattung K 44.7

Schmalspur 1,0 m;
einzige Maffei-Lokomotive der LAG
Triebwerksbez. D h2 (Bild 17)

Rostfläche 1,01 m^2
Heizfläche (ohne Überhitzer) 50,1 m^2
Dampfüberdruck 13 atü
Treibraddurchmesser 800 mm
Höchstgeschwindigkeit 30 km/h

Wasservorrat 3,5 m^3
Kohlevorrat 1,2 t
Dienstgewicht 29,0 t
Länge über Puffer 7,39 m
Indizierte Leistung 280 PS

Lfd. Nr.	Betriebs-Nummer neu	alt	geliefert durch	geliefert im Jahr	Fabrik-Nummer	Bemerkungen
1	99 261	64 II. Bes.	Maffei	1926	4200	

Ausmusterung 1961

8. Ordnung der bayerischen Dampflokomotiven nach dem Verwendungszweck

In der Frühzeit des Eisenbahnwesens gab es noch keine Unterscheidung nach Schnellzügen, Personenzügen und Güterzügen und natürlich auch keine Unterscheidung nach Schnellzuglokomotiven, Personenzuglokomotiven und Güterzuglokomotiven.
Die alte bayerische Einteilung der Lokomotiven in die Klassen A bis E beinhaltete keinerlei Aussage über den Verwendungszweck.
Aber auch die neuen Gattungsbezeichnungen der Kgl. Bay. Sts. B. und der Deutschen Reichsbahn-Gesellschaft stuften z. B. die AA I und die B XI mit je 1870 mm Treibraddurchmesser als Personenzuglokomotiven ein.
Im folgenden wird eine Gliederung nach den Kriterien des Treibraddurchmessers und der zugelassenen Höchstgeschwindigkeit getroffen.
Außerdem werden die Verbundlokomotiven mit ihrer Zylinderzahl und die Heißdampflokomotiven übersichtlich herausgestellt.

8.1. Erste Lokomotiven für alle Züge

Alte Gattung	neue Gattung	Baureihe	Treibrad-durchmesser mm	Höchst-geschw. km/h	Heiß-dampflok	Verbundlok/ Zylinderzahl
A I			1524	40		
A II			1524	42		
A III			1524	50		

8.2. Schnellzuglokomotiven (= großer Treibraddurchmesser)

Alte Gattung	neue Gattung	Baureihe	Treibrad-durchmesser mm	Höchst-geschw. km/h	Heiß-dampflok	Verbundlok/ Zylinderzahl
A IV			1676	70		
A V			1676, 1829	80		
AA I/P$\frac{2}{4}$	P 24.15	36^{8}	1870	90	P$\frac{2}{4}$ = h	
B IX			1870	90		
B IX Ostb			1524–1829	75–90		
B X			1870	90		2 v
B XI Zw	P 24.14	36^{7}	1870	90		
B XI Vb	P 24.15	36^{7-8}	1870	90		2 v
C V	S 35.15	17^{3}	1870	90		4 v
S$\frac{2}{5}$	S 25.16	14^{1}	2000	110		4 v

Alte Gattung	neue Gattung	Baureihe	Treibrad-durchmesser mm	Höchst-geschw. km/h	Heiß-dampflok	Verbundlok/ Zylinderzahl
S$\frac{2}{6}$			2200	150	h	4 v
S$\frac{3}{5}$N	S 35.15	17^{4}	1870	110		4 v
S$\frac{3}{5}$H	S 35.16	17^{5}	1870	110	h	4 v
S$\frac{3}{6}$	S 36.16–18	18^{4-6}	1870, 2000	120	h	4 v

8.3. Personenzuglokomotiven (= mittlerer Treibraddurchmesser)

B I			1372	65		
B II			1372	65		
B III			1448, 1469	70		
B IV			1524	70		
B V			1448, 1469	70		
B V Ostb			1524	75		
B VI			1600	75		
B VII			1500	70		
B VIII			1616	80		
C II Ostb			1524	55		
P$\frac{3}{5}$N	P 35.14	38^{0}	1640	90		4 v
P$\frac{3}{5}$H	P 35.15	38^{4}	1640	90	h	4 v

8.4. Güterzuglokomotiven (= kleiner Treibraddurchmesser, viele Kuppelachsen)

BB I			1340	65		4 v
C I			1067	40		
C II			1219	45		
C III			1274	45		
C III Ostb			1274	45		
C IV Zw	G 33.13	53^{80}	1340	50		
C IV Vb	G 33.14	53^{80-81}	1340	50		2 v
C VI/G$\frac{3}{4}$N	G 34.14	54^{13-14}	1340	60		2 v
E I			1170	50		4 v
G$\frac{3}{4}$H	G 34.16	54^{15-17}	1350	65	h	
G$\frac{4}{5}$N	G 45.14	56^{4}	1270	60		
G$\frac{4}{5}$H	G 45.16	56^{8-11}	1300	60	h	4 v
G$\frac{5}{5}$	G 55.15–17	57^{5}	1270	60	h	4 v
Gt 2x$\frac{4}{4}$	Gt 88.15–16	96^{0}	1216	50	h	4 v

8.5. Personenzugtenderlok (= mittlerer Treibraddurchmesser)

D IV Ostb			1219, 1270	50		
D IX	Pt 23.12	70^{71}	1340	65		
D XII/Pt$\frac{2}{5}$N	Pt 25.15	73^{0-1}	1640	90		
Pt$\frac{2}{3}$	Pt 23.14	70^{0}	1250	65	h	
Pt$\frac{2}{4}$N	Pt 24.13	72^{1}	1250	65		

Alte Gattung	neue Gattung	Baureihe	Treibrad-durchmesser mm	Höchst-geschw. km/h	Heiß-dampflok	Verbundlok/ Zylinderzahl
Pt$\frac{2}{4}$H	Pt 24.16	71^{2}	1546	75	h	
Pt$\frac{2}{5}$H	Pt 25.16	73^{2}	1640	90	h	
Pt$\frac{3}{6}$	Pt 36.16	77^{1}	1500	90	h	

8.6. Rangierlokomotiven (= Tenderlok mit kleinem Treibraddurchmesser)

D I			1006	45		
D II (II. Bes)/R$\frac{3}{3}$	Gt 33.15–16	89^{6-8}	1216	45		
D IV	Gt 22.14	88^{71-72}	1006	45		
D V	Gt 33.15	89^{81}	1194	45		
R$\frac{4}{4}$	Gt 44.16–17	92^{20}	1216	45		

8.7. Lokalbahnlokomotiven (=Tenderlok mit geringer Höchstgeschwindigkeit)

BB II	L 44.11	98^{7}	1006	45		4 v
D II (I. Bes)			820	30		
D II Ostb			1024	45		
D III			985	45		
D VI	L 22.9	98^{75}	1006	45		
D VII	L 33.9	98^{76}	1006	45		
D VIII	L 34.12	98^{6}	1006	45		
D X	L 34.11	98^{77}	1006	45		
D XI/PtL$\frac{3}{4}$	L 34.10–11	98^{4-5}	1006	45		
ML$\frac{2}{2}$			990	50	h	
PtL$\frac{2}{2}$	L 22.11	98^{3}	1006	50	h	
PtL$\frac{3}{3}$	L 33.9	98^{76}	920	45		
GtL$\frac{4}{4}$	L 44.11–12	98^{8-9}	1006	40	h	
GtL$\frac{4}{4}$ Umbau	L 45.11	98^{11}	1006	55	h	
—	L 45.11	98^{10}	1006	45	h	
LAG	L 34.11	98^{15}	996	50		2 v
LAG	L 44.11	98^{16}	1006	40	h	
LAG	L 45.12	98^{17}	1100	60	h	
LAG	L 46.11	98^{18}	1100	70	h	
LAG	L 33.10	98^{71}	920	30		2 v
LAG	L 34.9	98^{72}	1090	50		
LAG	L 34.9–10	98^{73}	996, 1090	40, 50		2 v
LAG	L 34.8	98^{74}	1090	40		2 v
LAG	L 34.10	98^{76} (II. Bes)	996	40		2 v

8.8. Zahnradlokomotiven

PtzL$\frac{3}{4}$	Z 34.15	97^{1}	1006	45	h	4 v

Alte Gattung	neue Gattung	Baureihe	Treibrad-durchmesser mm	Höchst-geschw. km/h	Heiß-dampflok	Verbundlok/ Zylinderzahl
8.9. Schmalspurlokomotiven						
LE	K 33.6	99^{07}	800	30		
Gts$\frac{4}{4}$	K 44.7	99^{15}	800	30		
Gts 2x$\frac{3}{3}$	K 66.9	99^{20}	900	30	h	4 v
Pts	K 34.8	99^{13}	800	30	h	
LAG	K 34.5	99^{25}	720	35		
LAG	K 44.7	99^{26}	800	30	h	

8.10. Vergleicht man die Zahl der Lokomotivgattungen (hier sind die LAG-Lok und die Umbauten je als besondere Gattung angesetzt), so zeigt sich:
Bei den Lokalbahnlokomotiven gab es die meisten Spielarten, zumal ja auch die Zahnradlok und die Schmalspurlok nur für Lokalbahnen geschaffen worden sind.

Im übrigen: 43 Gattungen von *Tenderlokomotiven* stehen 42 Gattungen von Lok mit *Schlepptender* gegenüber, ein *Verhältnis von 1:1* also.

9. „Die letzten Bayerischen"

9.1. In den Anlagen III und IV ist – getrennt für Lokomotiven mit Schlepptender und für Tenderlok – der *Altersaufbau des bayerischen Dampflokomotivparks* vom Anfang im Jahr 1844 bis zum Ende im Jahr 1970 dargestellt.
Für jedes Jahr (= senkrechte Spalten) läßt sich ablesen, welche Gattungen (in mehr oder weniger Exemplaren) vorhanden waren. Die größte Vielfalt herrschte offenbar 1920, am Ende der Bayerischen Staatsbahnen.
An der Staffelung erkennt man die Abfolge der ersten Anlieferungen und der letzten Ausmusterungen.
Für jede Gattung (= waagrechte Spalten) kann festgestellt werden, über wieviele Jahre sie im Dienst stand. Ein recht kurzes Dasein hatten demnach die B VII (nur 9 Jahre!), die ML$\frac{2}{2}$ (18 Jahre), die – einzige – S$\frac{2}{6}$ (19 Jahre) und die zwei Pt$\frac{2}{4}$N (19 Jahre).
Das Normalalter einer Dampflokomotive, nämlich 40 Jahre, ist von vielen Gattungen überschritten worden; *alle* Rangierlok-Gattungen brachten es auf 44 bis 66 Jahre und auch bei den Lokalbahnlokomotiven finden sich sechs Gattungen mit über 50 Dienstjahren. Die bewährte C III arbeitete 57 Jahre lang auf dem Güterzugsektor, ein Jahr mehr erzielte die S$\frac{3}{6}$. Am längsten aber gab es die B V, nämlich 72 Jahre.
Multipliziert man für jede Gattung die Stückzahl der Maschinen mit den Lebensjahren der Gattung, so erhält man eine »*Häufigkeitszahl*«, die aussagen kann, in welchem Maße eine bestimmte Gattung das Bild des bayerischen Lokomotivparkes geprägt hat. Freilich: Nicht alle Lokomotiven einer Gattung sind gleichzeitig gebaut und gleichzeitig ausgemustert worden, aber dieser Gesichtspunkt trifft auf alle Gattungen zu, die *Größenordnung* wird daher nicht entscheidend verändert. Ergebnis:
Eine *Häufigkeitszahl über 4000* (das ist z.B. 100 Stück 40 Jahre lang) erreichten:

Bei den Schnellzuglok	
B IX (ohne Ostbahnlok)	mit 5300
B XI Zw und Vb	mit 4900
S$\frac{3}{6}$	mit 8600
bei den Personenzuglok	
B V (ohne Ostbahnlok)	mit 6800
B VI	mit 6500
P$\frac{3}{5}$	mit 5800
bei den Güterzuglok	
C II (ohne Ostbahnlok)	mit 4300
C III (ohne Ostbahnlok)	mit 14 400
C IV Zw und Vb	mit 8300
C VI / G$\frac{3}{4}$N	mit 4300
G$\frac{4}{5}$H	mit 7100
G$\frac{3}{4}$H	mit 10 600
bei den Personenzugtenderlok	
D XII / Pt$\frac{2}{5}$N	mit 4300
Pt$\frac{2}{3}$	mit 5200
bei den Rangierlokomotiven	
D IV (ohne Ostbahnlok)	mit 7300
D II / R$\frac{3}{3}$	mit 11 900
bei den Lokalbahnlokomotiven	
D VII	mit 4100
D XI / PtL$\frac{3}{4}$	mit 9600
GtL$\frac{4}{4}$	mit 6900.

Bild 18
D VII UTTENREUTH
als »Hausmanöverlok«
beim Bw Nürnberg Hbf,
1935; sie trägt noch die
Reichsbahn-Nr. 98 7639

Bild 19
D VII ULM schiebt
die kalte R^3_3 89 805 im
Bw Würzburg, Herbst
1957

Bild 20
D VII FUNTENSEE als »Schleppfahrzeug« abgestellt beim Bw Nürnberg Hbf, Sommer 1959. Auf dem Wasserkasten nachträglich angebrachter Behälter für Kohle: links GtL$\frac{4}{4}$ 98 853

9.2. Bei der Übernahme der Länderbahn-Dampflok und ihrer Eingliederung in das neue Bezeichnungschema der Deutschen Reichsbahn-Gesellschaft wurde auf eine *Typenbereinigung* hingearbeitet, veraltete Lokomotiven wurden ausgeschieden. Zu Anfang der 1930er Jahre war ein gewisser Stillstand auf diesem Gebiet eingetreten. *Ab 1935 gab es nur noch verhältnismäßig wenige bayerische Gattungen;* aber das waren überwiegend moderne, in hoher Stückzahl gebaute Maschinen. *Diese »letzten Bayerischen« gehörten noch lange Zeit zum Erscheinungsbild der Eisenbahn in Bayern. In den folgenden Abschnitten werden sie im einzelnen behandelt.* Wie aus den Anlagen III und IV ersichtlich sind es die Gattungen:

S$\frac{3}{5}$	Gt 2x$\frac{4}{4}$
S$\frac{3}{6}$	D II / R$\frac{3}{3}$
P$\frac{3}{5}$	R$\frac{4}{4}$
G$\frac{5}{5}$	D XI / PtL$\frac{3}{4}$
G$\frac{4}{5}$H	BB II
G$\frac{3}{4}$H	PtL$\frac{2}{2}$
D XII / Pt$\frac{2}{5}$N	GtL$\frac{4}{4}$
Pt$\frac{2}{3}$	98^{10}
Pt$\frac{3}{6}$	PtzL$\frac{3}{4}$.

Außerdem standen natürlich da und dort noch ältere Lokomotiven in untergeordneten Diensten, wie z.B. die in den *Bildern 18–20* als »Schleppzeug« oder sog. »Hausmanöverlok« beim Bahnbetriebswerk gezeigte D VII.

Die Schnellzuglok $S\frac{3}{5}$ (Baureihe 17^{4-5}),

die erste europäische Lokomotive mit Barrenrahmen (der auch den Durchblick durch das Triebwerk gewährt).
Bilder 21–28.
Maffei lieferte von 1903 bis 1907 39 Stück als *Naßdampflok* (Betriebsnummern 3301 bis 3328 und 3330 bis 3340) und von 1906 bis 1911 weitere 30 Stück als *Heißdampflok* (Betriebsnummern 3329 und 3341 bis 3369).
25 $S\frac{3}{5}$ mußten 1919 an die Feindbundstaaten abgegeben werden.
Die verbliebenen Naßdampflok wurden 1924/25 in Heißdampflok *umgebaut* und in 17 401 bis 17 420 umgenummert. Die schon als Heißdampflok gelieferten Maschinen bekamen die Nummern 17 501 bis 17 524.
1935 waren $S\frac{3}{5}$ stationiert in Augsburg, Buchloe, Nürnberg Hbf und Treuchtlingen.
Die Ausmusterung begann schon 1932; als letzte schieden die 17 415 und die 17 521 im Januar 1948 aus dem Dienst.
In der Ebene erreichte die 17^5 ihre Höchstgeschwindigkeit (110 km/h) noch mit einem Schnellzug von 300 t (= 7 Schnellzugwagen);
in einer Steigung von 5‰ brachte sie einen solchen Zug auf 85 km/h.
Die Leistung der 17^4 war etwas geringer: Sie erreichte die Höchstgeschwindigkeit (110 km/h) in der Ebene mit 220 t (= 5 Schnellzugwagen);
in der Steigung von 5‰ brachte sie einen 300 t-Zug auf 75 km/h.

Bild 21
$S\frac{3}{5}$ 17 419 fährt in Fürth (Bay) Hbf ein, 1935

Rechte Seite:

oben:
Bild 22
$S\frac{3}{5}$ 17 419 und $S\frac{3}{6}$ 18 405 im Bw Nürnberg Hbf, 1935. Nach der Pufferanschrift wird die 17 419 den E 189 übernehmen

unten:
Bild 23
$S\frac{3}{5}$ Nr. 3344 in Schnabelwaid, 1926. Im Gegenlicht gewährt der Barrenrahmen einen silhouettenartigen Durchblick durch das Triebwerk (Ernst Köditz)

189

3344

Neue Gattung **S 35.15**

Rostfläche 3,27 m²
Heizfläche (ohne Überhitzer) 160,98 m²
Dampfüberdruck 14; 16 atü
Treibraddurchmesser 1870 mm
Höchstgeschwindigkeit 110 km/h

Triebwerksbez. 2C h4v; Tender 4 T 21*)
Wasservorrat 21 m³
Kohlevorrat 7 t
Dienstgewicht 71,0; 71,9 t
Länge über Puffer (mit Tender) 19,325 m
Indizierte Leistung 1260 PS

Lfd. Nr.	Betriebs-Nummer neu	alt	geliefert durch	geliefert im Jahr	Fabrik-Nummer	Bemerkungen
1	–	3301	Maffei	1903	2351	1919 an Frankreich
2	–	3302	Maffei	1903	2352	1919 an Frankreich
3	–	3303	Maffei	1903	2353	1919 an Frankreich
4	–	3304	Maffei	1903	2354	1919 an Frankreich
5	–	3305	Maffei	1903	2355	1919 an Frankreich
6	17 401	3306	Maffei	1903	2356	
7	–	3307	Maffei	1903	2357	1919 an Frankreich
8	17 402	3308	Maffei	1903	2358	
9	–	3309	Maffei	1903	2359	1919 an Frankreich
10	–	3310	Maffei	1904	2360	1919 an Frankreich
11	–	3311	Maffei	1904	2361	1919 an Frankreich
12	17 403	3312	Maffei	1904	2362	
13	17 404	3313	Maffei	1904	2363	
14	17 405	3314	Maffei	1904	2409	
15	17 406	3315	Maffei	1904	2410	
16	17 407	3316	Maffei	1904	2411	
17	–	3317	Maffei	1904	2412	1919 an Frankreich
18	17 408	3318	Maffei	1904	2413	
19	17 409	3319	Maffei	1904	2414	
20	17 410	3320	Maffei	1904	2415	
21	–	3321	Maffei	1904	2416	1919 an Frankreich
22	17 411	3322	Maffei	1904	2417	
23	17 412	3323	Maffei	1904	2418	
24	17 413	3324	Maffei	1904	2419	
25	17 414	3325	Maffei	1904	2420	
26	17 415	3326	Maffei	1905	2421	
27	17 416	3327	Maffei	1905	2422	
28	–	3328	Maffei	1905	2423	1919 an Frankreich
29	–	3330	Maffei	1907	2521	1919 an Frankreich
30	17 417	3331	Maffei	1907	2599	
31	–	3332	Maffei	1907	2600	1919 an Frankreich

*) 4achsiger Tender mit 21 m³ Wasservorrat

Bild 24
S^{3}_{5} 17 505 an der Bekohlung im Bw Nürnberg Hbf, Frühjahr 1933. Vorne bayerische Weichensignale (»Z-Scheiben«) (Archiv des Verkehrsmuseums Nürnberg)

Bild 25
S^{3}_{5} Nr. 3345 (Archiv des Verkehrsmuseums Nürnberg)

Lfd. Nr.	Betriebs-Nummer neu	alt	geliefert durch	geliefert im Jahr	Fabrik-Nummer	Bemerkungen
32	–	3333	Maffei	1907	2601	1919 an Polen
33	–	3334	Maffei	1907	2602	1919 an Frankreich
34	–	3335	Maffei	1907	2603	1919 an Frankreich
35	–	3336	Maffei	1907	2604	1919 an Frankreich
36	17 418	3337	Maffei	1907	2605	
37	–	3338	Maffei	1907	2606	1919 an Frankreich
38	17 419	3339	Maffei	1907	2607	
39	17 420	3340	Maffei	1907	2608	

Bild 26
S $\frac{3}{5}$ 17 509 bei Oberstaufen im winterlichen Allgäu, etwa 1940 (DB-Bild)

Neue Gattung **S 35.16**

Rostfläche 3,23 m^2
Heizfläche (ohne Überhitzer) 159,47 m^2
Dampfüberdruck 16 atü
Treibraddurchmesser 1870 mm
Höchstgeschwindigkeit 110 km/h

Triebwerksbez. 2C h4v; Tender 4T21 u. 21,8
Wasservorrat 21; 21,8 m^3
Kohlevorrat 7; 7,5 t
Dienstgewicht 71,9; 74 t
Länge über Puffer (mit Tender) 19,325 m
Indizierte Leistung 1250 PS

Lfd. Nr.	Betriebs-Nummer neu	alt	geliefert durch	geliefert im Jahr	Fabrik-Nummer	Bemerkungen
40	17 501	3329	Maffei	1906	2520	
41	17 502	3341	Maffei	1908	3001	
42	17 503	3342	Maffei	1908	3002	
43	17 504	3343	Maffei	1908	3003	
44	17 505	3344	Maffei	1908	3004	
45	17 506	3345	Maffei	1908	3005	
46	17 507	3346	Maffei	1908	3006	
47	17 508	3347	Maffei	1908	3007	
48	17 509	3348	Maffei	1908	3008	
49	–	3349	Maffei	1908	3009	1919 an Belgien
50	17 510	3350	Maffei	1908	3010	
51	17 511	3351	Maffei	1908	3011	
52	17 512	3352	Maffei	1908	3012	
53	17 513	3353	Maffei	1908	3013	
54	17 514	3354	Maffei	1908	3014	
55	–	3355	Maffei	1908	3015	1919 an Frankreich
56	–	3356	Maffei	1909	3078	1919 an Frankreich
57	–	3357	Maffei	1909	3079	1919 an Frankreich
58	17 515	3358	Maffei	1909	3080	
59	17 516	3359	Maffei	1909	3081	
60	17 517	3360	Maffei	1909	3082	
61	17 518	3361	Maffei	1909	3083	
62	17 519	3362	Maffei	1909	3084	
63	17 520	3363	Maffei	1909	3085	
64	–	3364	Maffei	1909	3086	1919 an Belgien
65	–	3365	Maffei	1909	3087	1919 an Frankreich
66	17 521	3366	Maffei	1911	3162	
67	17 522	3367	Maffei	1911	3163	
68	17 523	3368	Maffei	1911	3164	
69	17 524	3369	Maffei	1911	3165	

Bild 27
S^3_5 17 520 in Schnabelwaid, 1928 (Ernst Köditz)

Bild 28
S^3_5 mit »Beschleunigtem Personenzug 861« bei Neuenreuth (b. Cr) 1928 (Ernst Köditz)

Die Schnellzuglok S_{6}^{3} (Baureihe 18^{4-6}),

das Paradepferd der Königlich Bayerischen Staatsbahnen von wahrhaft königlichem Aussehen. Sie war berufen, den legendären Rheingold-Expreß zu fahren. Ihr Erkennungszeichen schon von weitem: die elegante Krempe am Schlot. Wegen ihrer harmonisch gegliederten Formen gilt sie als schönste Dampflokomotive überhaupt. Schon als sie noch im Dienst stand, wirkte sie wie ein Denkmal, einfach monumental.

(Bilder 29–51.)

Maffei lieferte von 1908 bis 1930 für die K. B. St. B. und für die Deutsche Reichsbahn-Gesellschaft 131 Stück; die letzten 18 S_{6}^{3} stammen von der Lokomotivfabrik Henschel & Sohn in Kassel.

1919 mußten 19 S_{6}^{3} an die Feindbundstaaten abgegeben werden.

Auf bayerischem Gebiet sind 1935 S_{6}^{3} stationiert gewesen in Augsburg, Bamberg, Hof, Ingolstadt,

Bild 29
S_{6}^{3} 18 461 in Nürnberg Rbf, 1937. Bayerische Ruhesignale

Lindau, München Hbf, Nürnberg Hbf, Passau, Regensburg, Treuchtlingen und Würzburg. Die Rheingold-S^{3}_{6} gehörten zum Bw Wiesbaden. Später kam die S^{3}_{6} zu weiteren Bahnbetriebswerken im Rheinland, nach Norddeutschland, nach Oberschlesien, im Krieg auch in außerdeutsche Länder.

Bild 52 zeigt einen Dienstplan der Nürnberger S^{3}_{6} aus dem Jahre 1927; der längste Durchlauf dieser Maschinen ging damals bis Halle = 314 km.

1953 bis 1956 wurden 30 S^{3}_{6} *umgebaut:* sie erhielten u.a. neue, größere Kessel und die neue Baureihenbezeichnung 18^{6}. S^{3}_{6} sind sie geblieben, aber schöner sind sie nicht geworden dabei; die edlen Proportionen um Kessel, Kesselaufbauten und Führerhaus sind leider beeinträchtigt worden.

Die Ausmusterungen der S^{3}_{6} begannen 1946; als letzte schied die 18 622 am 10.1.1966 aus dem Dienst.

In der Ebene erreichte die 18^{6} ihre Höchstgeschwindigkeit (120 km/h) noch mit einem Schnellzug von 515 t (= 12 Schnellzugwagen); in einer Steigung von 5‰ brachte sie einen solchen Zug auf etwa 80 km/h.

Die Leistungen der 18^{4-5} waren geringer: Sie erreichte die Höchstgeschwindigkeit (120 km/h) in der Ebene mit 300 t (= 7 Schnellzugwagen); in der Steigung von 5‰ brachte sie einen 500 t-Zug auf etwa 75 km/h.

Bild 52
Dienstplan der Nürnberger S^{3}_{6} aus dem Jahre 1927 (Archiv des Verkehrsmuseums Nürnberg)

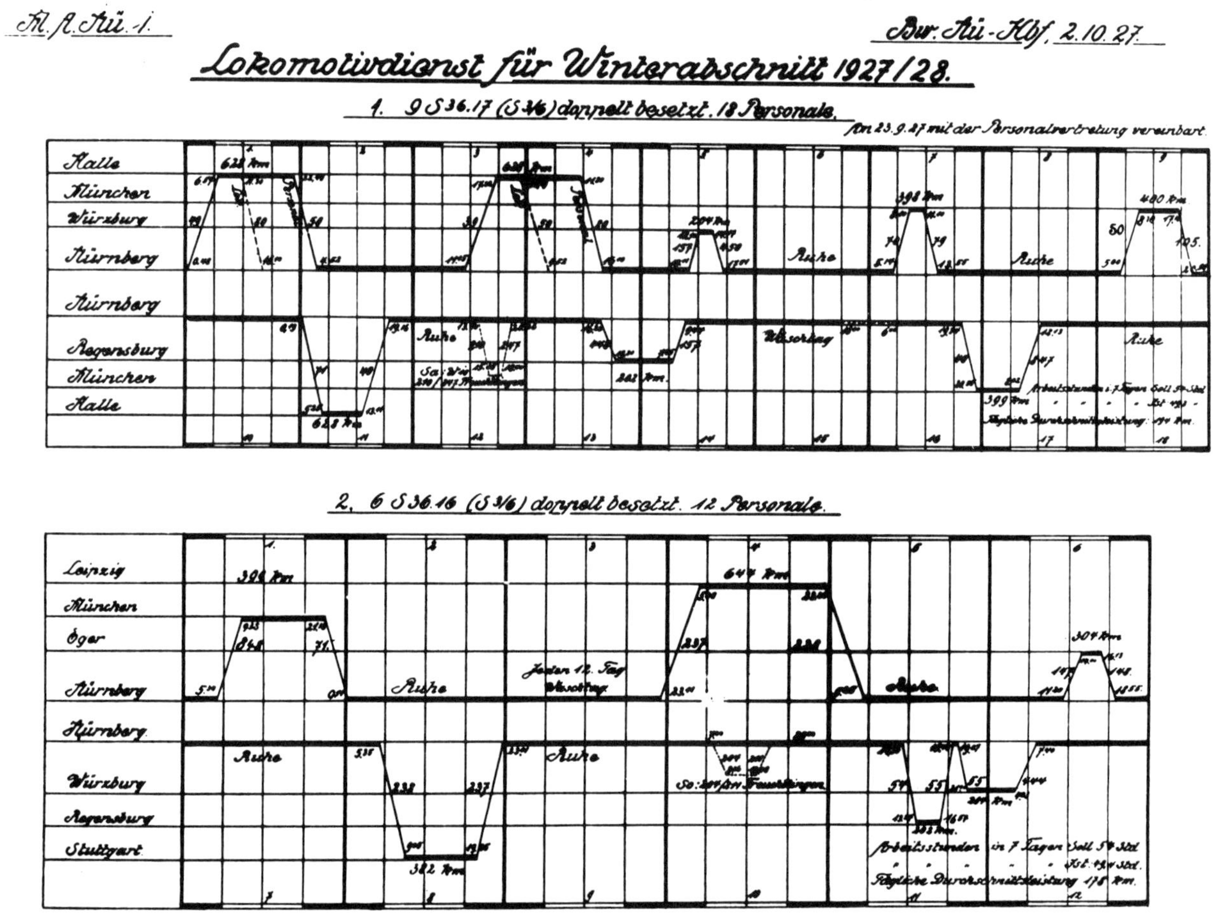

Neue Gattung **S 36.16**
Rostfläche 4,5 m^2
Heizfläche (ohne Überhitzer) 201,7 m^2
Dampfüberdruck 15 atü
Treibraddurchmesser 1870 mm
Höchstgeschwindigkeit 120 km/h

Triebwerksbez. 2C1 h4v; Tender 4T 26,2 u. 26,4
Wasservorrat 26,2; 26,4 m^3
Kohlevorrat 7,5 t
Dienstgewicht 88,3; 89,7 t
Länge über Puffer (mit Tender) 21,221 m
Indizierte Leistung 1770 PS

Lfd. Nr.	Betriebs-Nummer neu	alt	geliefert durch	geliefert im Jahr	Fabrik-Nummer	Bemerkungen
1	18 401	3601	Maffei	1908	3016	
2	–	3602	Maffei	1908	3017	1919 an Frankreich
3	18 402	3603	Maffei	1908	3018	
4	18 403	3604	Maffei	1908	3019	
5	–	3605	Maffei	1908	3020	1919 an Frankreich
6	18 404	3606	Maffei	1908	3021	
7	18 405	3607	Maffei	1908	3022	
8	18 406	3608	Maffei	1909	3088	
9	18 407	3609	Maffei	1909	3089	
10	18 408	3610	Maffei	1909	3090	
11	18 409	3611	Maffei	1909	3091	
12	18 410	3612	Maffei	1909	3092	
13	18 411	3613	Maffei	1909	3093	
14	18 412	3614	Maffei	1909	3094	
15	18 413	3615	Maffei	1909	3095	
16	18 414	3616	Maffei	1909	3096	
17	18 415	3617	Maffei	1909	3097	
18	–	3618	Maffei	1910	3142	1919 an Frankreich
19	18 416	3619	Maffei	1911	3156	
20	–	3620	Maffei	1911	3157	1919 an Belgien
21	18 417	3621	Maffei	1911	3158	
22	–	3622	Maffei	1911	3159	1919 an Frankreich
23	18 418	3623	Maffei	1911	3160	
24	18 419	3642	Maffei	1913	3449	
25	18 420	3643	Maffei	1913	3450	
26	18 421	3644	Maffei	1913	3451	
27	18 422	3645	Maffei	1913	3482	
28	–	3646	Maffei	1913	3483	1919 an Belgien
29	18 423	3647	Maffei	1913	3484	
30	18 424	3648	Maffei	1913	3485	
31	–	3649	Maffei	1913	3486	1919 an Belgien
	18 425 – 18 434	341 – 350	Maffei	1914	3439 – 3448	Lieferung für die Pfalzbahnen

18 435 – 18 440 = unbesetzte Betriebsnummern

Neue Gattung **S. 36.16**

Rostfläche 4,5 m^2
Heizfläche (ohne Überhitzer) 202,07 m^2
Dampfüberdruck 15 atü
Treibraddurchmesser **2000** mm
Höchstgeschwindigkeit 120 km/h

Triebwerksbez. 2C1 h4v; Tender 4T 32,5
Wasservorrat 32,5 m^3
Kohlevorrat 8 t
Dienstgewicht 91,6 t
Länge über Puffer (mit Tender) 22,095 m
Indizierte Leistung 1770 PS

Lfd. Nr.	Betriebs-Nummer neu	alt	geliefert durch	geliefert im Jahr	Fabrik-Nummer	Bemerkungen
32	18 441	3624	Maffei	1912	3305	
33	18 442	3625	Maffei	1912	3306	
34	18 443	3626	Maffei	1912	3307	
35	18 444	3627	Maffei	1912	3308	
36	18 445	3628	Maffei	1912	3309	
37	18 446	3629	Maffei	1912	3310	
38	18 447	3630	Maffei	1912	3311	
39	18 448	3631	Maffei	1912	3312	
40	18 449	3632	Maffei	1912	3313	
41	18 450	3633	Maffei	1912	3314	
42	18 451	3634	Maffei	1912	3315	
43	18 452	3635	Maffei	1912	3316	
44	18 453	3636	Maffei	1912	3317	
45	18 454	3637	Maffei	1912	3318	
46	18 455	3638	Maffei	1912	3319	
47	18 456	3639	Maffei	1912	3320	
48	18 457	3640	Maffei	1912	3321	
49	18 458	3641	Maffei	1913	3322	

18 459 – 18 460 — unbesetzte Betriebsnummern

Bild 31
S^{3}_{6} 18 444 mit 2 m Treibraddurchmesser, abgestellt in Hof, Sommer 1959, z. T. demontiert; »gerader Schlot«, wie er bei den ersten Lieferungen der Baureihe 18^4 häufig anzutreffen war

oben:
Bild 30
S^{3}_{6} 18 458 mit 2 m Treibraddurchmesser, abgestellt in Fürth-Unterfürberg, Frühjahr 1949. Sie war offensichtlich in einen Tieffliegerangriff geraten; am Windleitblech sind die Einschüsse zu erkennen

Bild 32
Vom Bahnhofsteg aus: S^{3}_{6} 18 466 in Ingolstadt, 1952

Neue Gattung **S 36.17**

Rostfläche 4,5 m²
Heizfläche (ohne Überhitzer) 201,7 m²
Dampfüberdruck 15; ab Nr. 3680: 16 atü
Treibraddurchmesser 1870 mm
Höchstgeschwindigkeit 120 km/h

Triebwerksbez. 2C1 h4v; Tender 4T 26,4
Wasservorrat 26,4 m³
Kohlevorrat 7,5; 8,5 t
Dienstgewicht 92,3; 94 t
Länge über Puffer (mit Tender) 21,221 m
Indizierte Leistung 1770 PS, ab Nr. 3680: 1830 PS

Lfd. Nr.	Betriebs-Nummer neu	alt	geliefert durch	geliefert im Jahr	Fabrik-Nummer	Bemerkungen
50	18 461	3650	Maffei	1915	4513	
51	18 462	3651	Maffei	1915	4514	
52	18 463	3652	Maffei	1915	4515	
53	18 464	3653	Maffei	1915	4516	
54	18 465	3654	Maffei	1915	4517	
55	18 466	3655	Maffei	1917	4518	
56	18 467	3656	Maffei	1917	4519	
57	18 468	3657	Maffei	1917	4520	
58	18 469	3658	Maffei	1917	4521	
59	18 470	3659	Maffei	1918	4522	
60	18 471	3660	Maffei	1918	4523	
61	18 472	3661	Maffei	1918	4524	

Bild 33
S^3_6 18 477 in Bayreuth Hbf, Sommer 1949. Links kleiner Lokalbahnwagen

oben:
Bild 34
S_6^3 18 481 in Lindau, Sommer 1956

Bild 35
S_6^3 18 486 in Stammbach, Frühjahr 1949. Sie fährt einen »Leig« (= leichter Güterzug für Stückgutbeförderung)

Lfd. Nr.	Betriebs-Nummer neu	alt	geliefert durch	geliefert im Jahr	Fabrik-Nummer	Bemerkungen
62	18 473	3662	Maffei	1918	4525	
63	18 474	3663	Maffei	1918	4526	
64	18 475	3664	Maffei	1918	4527	
65	–	3665	Maffei	1918	4528	1919 an Frankreich
66	–	3666	Maffei	1918	4529	1919 an Frankreich
67	18 476	3667	Maffei	1918	4530	
68	–	3668	Maffei	1918	4531	1919 an Frankreich
69	–	3669	Maffei	1918	4532	1919 an Frankreich
70	–	3670	Maffei	1918	4533	1919 an Frankreich
71	18 477	3671	Maffei	1918	4534	
72	–	3672	Maffei	1918	4535	1919 an Frankreich
73	18 478	3673	Maffei	1918	4536	
74	–	3674	Maffei	1918	4537	1919 an Frankreich
75	–	3675	Maffei	1918	4538	1919 an Frankreich
76	–	3676	Maffei	1918	4539	1919 an Frankreich
77	–	3677	Maffei	1918	4540	1919 an Frankreich
78	–	3678	Maffei	1918	4541	1919 an Frankreich
79	–	3679	Maffei	1918	4542	1919 an Frankreich

Bild 36
S^3_6 18 498 als Vorspann bei P 1603 in Bayreuth Hbf, Sommer 1949. Zuglokomotive: Baureihe 64

Bild 37
S^{3}_{6} 18 500, mit Rauhreif beschlagen in Creußen (Ofr), Frühjahr 1949

Bild 38
S^{3}_{6} 18 505 des Lokomotivversuchsamtes Minden in Würzburg, Herbst 1958

Lfd. Nr.	Betriebs-Nummer neu	alt	geliefert durch	geliefert im Jahr	Fabrik-Nummer	Bemerkungen
80	18 479	3680	Maffei	1923	5448	
81	18 480	3681	Maffei	1923	5449	
82	18 481	3682	Maffei	1923	5450	
83	18 482	3683	Maffei	1923	5451	
84	18 483	3684	Maffei	1923	5452	
85	18 484	3685	Maffei	1923	5453	
86	18 485	3686	Maffei	1923	5454	
87	18 486	3687	Maffei	1923	5455	
88	18 487	3688	Maffei	1923	5456	
89	18 488	3689	Maffei	1923	5457	
90	18 489	3690	Maffei	1923	5539	
91	18 490	3691	Maffei	1923	5540	
92	18 491	3692	Maffei	1923	5541	
93	18 492	3693	Maffei	1923	5542	
94	18 493	3694	Maffei	1924	5543	

Bild 39
Blick ins Triebwerk der $S\frac{3}{6}$ 18 507, Schnabelwaid, Sommer 1951

Bild 40
$S\frac{3}{6}$ 18 511 mit D 147 vor der Abfahrt in Nürnberg Hbf, 1939

Lfd. Nr.	Betriebs-Nummer neu	alt	geliefert durch	geliefert im Jahr	Fabrik-Nummer	Bemerkungen
95	18 494	3695	Maffei	1924	5544	
96	18 495	3696	Maffei	1924	5545	
97	18 496	3697	Maffei	1924	5546	
98	18 497	3698	Maffei	1924	5547	
99	18 498	3699	Maffei	1924	5548	
100	18 499	3700	Maffei	1924	5549	
101	18 500	3701	Maffei	1924	5550	
102	18 501	3702	Maffei	1924	5551	
103	18 502	3703	Maffei	1924	5552	
104	18 503	3704	Maffei	1924	5553	
105	18 504	3705	Maffei	1924	5554	
106	18 505	3706	Maffei	1924	5555	
107	18 506	3707	Maffei	1924	5556	
108	18 507	3708	Maffei	1924	5557	
109	18 508	3709	Maffei	1924	5558	

Neue Gattung **S 36.18**

Rostfläche 4,5 m²
Heizfläche (ohne Überhitzer) 201,7 m²
Dampfüberdruck 16 atü
Treibraddurchmesser 1870 mm
Höchstgeschwindigkeit 120 km/h

Triebwerksbez. 2C1 h4v; Tender 4T 27,4 u. 31,7
Wasservorrat 27,4; 31,7 m³
Kohlevorrat 8,5; 9 t
Dienstgewicht 94,7; 96,2 t
Länge über Puffer (mit Tender) 21,371; 22,842 m
Indizierte Leistung 1830 PS

Lfd. Nr.	Betriebs-Nummer neu	alt	geliefert durch	geliefert im Jahr	Fabrik-Nummer	Bemerkungen
110	18 509		Maffei	1927	5661	nach Umbau: 18 611
111	18 510		Maffei	1927	5662	nach Umbau: 18 618
112	18 511		Maffei	1927	5663	nach Umbau: 18 622
113	18 512		Maffei	1927	5664	
114	18 513		Maffei	1927	5665	
115	18 514		Maffei	1927	5666	nach Umbau: 18 620
116	18 515		Maffei	1927	5667	
117	18 516		Maffei	1927	5668	
118	18 517		Maffei	1928	5669	nach Umbau: 18 616
119	18 518		Maffei	1927	5670	nach Umbau: 18 608
120	18 519		Maffei	1927	5671	
121	18 520		Maffei	1927	5672	nach Umbau: 18 612

Bild 41
S^{3}_{6} 18 512 in Neuenmarkt-Wirsberg, Sommer 1950. Am Schluß des Zuges der Qualm der Schiebelokomotive, die über die »Schiefe Ebene« nachschiebt

Bild 42
S^{3}_{6} (Umbau) 18 602 in Nürnberg Hbf, Sommer 1957

Lfd. Nr.	Betriebs-Nummer neu	alt	geliefert durch	geliefert im Jahr	Fabrik-Nummer	Bemerkungen
122	18 521		Maffei	1928	5689	nach Umbau: 18 601
123	18 522		Maffei	1928	5690	nach Umbau: 18 604
124	18 523		Maffei	1928	5691	nach Umbau: 18 610
125	18 524		Maffei	1928	5692	nach Umbau: 18 627
126	18 525		Maffei	1928	5693	nach Umbau: 18 603
127	18 526		Maffei	1930	5694	nach Umbau 18 621
128	18 527		Maffei	1928	5695	nach Umbau: 18 607
129	18 528		Maffei	1928	5696	
130	18 529		Maffei	1930	5873	nach Umbau: 18 615
131	18 530		Maffei	1930	5874	nach Umbau: 18 605
132	18 531		Henschel	1930	217 31	nach Umbau: 18 623
133	18 532		Henschel	1930	217 32	nach Umbau: 18 614
134	18 533		Henschel	1930	217 33	
135	18 534		Henschel	1930	217 34	nach Umbau: 18 619
136	18 535		Henschel	1930	217 35	nach Umbau: 18 606
137	18 536		Henschel	1930	217 36	nach Umbau: 18 613
138	18 537		Henschel	1930	217 37	
139	18 538		Henschel	1930	217 38	

Bild 43
$S\frac{3}{6}$ (Umbau) 18 611 in Nürnberg Hbf, Sommer 1957

Lfd. Nr.	Betriebs-Nummer neu	alt	geliefert durch	geliefert im Jahr	Fabrik-Nummer	Bemerkungen
140	18 539		Henschel	1930	217 39	nach Umbau: 18 629
141	18 540		Henschel	1930	217 40	nach Umbau: 18 625
142	18 541		Henschel	1930	217 41	
143	18 542		Henschel	1930	217 42	nach Umbau: 18 609
144	18 543		Henschel	1930	217 43	nach Umbau: 18 630
145	18 544		Henschel	1930	217 44	nach Umbau: 18 628
146	18 545		Henschel	1930	217 45	nach Umbau: 18 624
147	18 546		Henschel	1930	217 46	nach Umbau: 18 626
148	18 547		Henschel	1930	217 47	nach Umbau: 18 602
149	18 548		Henschel	1930	217 48	nach Umbau: 18 617

Bild 44
$S\frac{3}{6}$ (Umbau) 18 611 in Bayreuth Hbf, Sommer 1956

Bild 45
S_{6}^{3} (Umbau) 18 612 fährt aus Bayreuth Hbf aus, Herbst 1957

Bild 46
S_{6}^{3} (Umbau) 18 612 in Nürnberg Hbf, Sommer 1957

Neue Gattung –
Rostfläche 4,09 m²
Heizfläche (ohne Überhitzer) 196,4 m²
Dampfüberdruck 16 atü
Treibraddurchmesser 1870 mm
Höchstgeschwindigkeit 120 km/h

Triebwerksbez. 2C1 h4v; Tender 4T 27,4 u. 31,7
Wasservorrat 27,4; 31,7 m³
Kohlevorrat 8,5; 9 t
Dienstgewicht 100,3 t
Länge über Puffer (mit Tender) 21,391; 22,862 m
Indizierte Leistung 2250 PS

Lfd. Nr.	Betriebs-Nummer neu	umgebaut im Jahr	aus Betriebs-Nummer	Bemerkungen
1	18 601	1953	18 521	
2	18 602	1953	18 547	
3	18 603	1953	18 525	
4	18 604	1953	18 522	
5	18 605	1953	18 530	
6	18 606	1954	18 535	
7	18 607	1954	18 527	
8	18 608	1954	18 518	
9	18 609	1954	18 542	
10	18 610	1954	18 523	
11	18 611	1954	18 509	

Bild 47
$S\frac{3}{6}$ (Umbau) 18 613 bei Neuenreuth (b. Cr), Sommer 1956

Bild 48
S_6^3 (Umbau) 18 617
in Bayreuth Hbf,
Winter 1955/56

Lfd. Nr.	Betriebs-Nummer neu	umgebaut im Jahr	aus Betriebs-Nummer	Bemerkungen
12	18 612	1954	18 520	
13	18 613	1955	18 536	
14	18 614	1955	18 532	
15	18 615	1955	18 529	
16	18 616	1955	18 517	
17	18 617	1955	18 548	
18	18 618	1955	18 510	
19	18 619	1955	18 534	
20	18 620	1955	18 514	
21	18 621	1955	18 526	
22	18 622	1955	18 511	
23	18 623	1955	18 531	
24	18 624	1956	18 545	
25	18 625	1956	18 540	
26	18 626	1956	18 546	
27	18 627	1956	18 524	
28	18 628	1956	18 544	
29	18 629	1956	18 539	
30	18 630	1956	18 543	

Rechte Seite

oben:
Bild 50
$S\frac{3}{6}$ (Umbau) 18 622 im Bw Treuchtlingen, geschmückt für eine Abschiedsfahrt am 29.5.1965

unten:
Bild 51
$S\frac{3}{6}$ (Umbau) bei Kreuzstein, Sommer 1956

(Bild 52 siehe Seite 62)

Bild 49
$S\frac{3}{6}$ (Umbau) 18 617 in Bayreuth Hbf, Winter 1955/56

18 622
18 622

Die Personenzuglok $P\frac{3}{5}$ (Baureihen 38^0 und 38^4),

die etwas verkleinerte $S\frac{3}{5}$ für den Personenzugdienst. *Bilder 53–61.*

Maffei lieferte von 1905 bis 1907 36 Stück als *Naßdampflok* (Betriebsnummern 3801 bis 3836) und 1921 – in einem einzigen Jahr – weitere 80 Stück als *Heißdampflok* (Beriebsnummern 3837 bis 3916).

17 $P\frac{3}{5}$ mußten 1919 an Frankreich abgegeben werden. Die verbliebenen Naßdampflok wurden 1924/25 in Heißdampflok *umgebaut* und in 38 001 bis 38 013 umgenummert; die schon als Heißdampflok gelieferten Maschinen bekamen die Betriebsnummern 38 401 bis 38 480.

1935 waren $P\frac{3}{5}$ stationiert in Augsburg, Ingolstadt, Kempten, Kirchenlaibach, Lindau, München Hbf, Neu Ulm, Regensburg, Schwandorf, Treuchtlingen und Weiden.

Die Ausmusterung begann 1932; als letzte schied die 38 432 des Bw Lindau am 12. Mai 1955 aus dem Dienst.

In der Ebene erreichte die 38^4 ihre Höchstgeschwindigkeit (90 km/h) noch mit einem Personenzug von 400 t (= 14 Personenzugwagen); in einer Steigung von 5‰ brachte sie einen solchen Zug auf 60 km/h.

Die Leistungen der 38^0 waren geringer: Sie erreichte die Höchstgeschwindigkeit (90 km/h) in der Ebene mit 220 t (= 8 Personenzugwagen); in der Steigung von 5‰ brachte sie einen solchen Zug auf 70 km/h.

Bild 53
Skizze der als Naßdampflok gebauten $P\frac{3}{5}$ Nr. 3801–3836

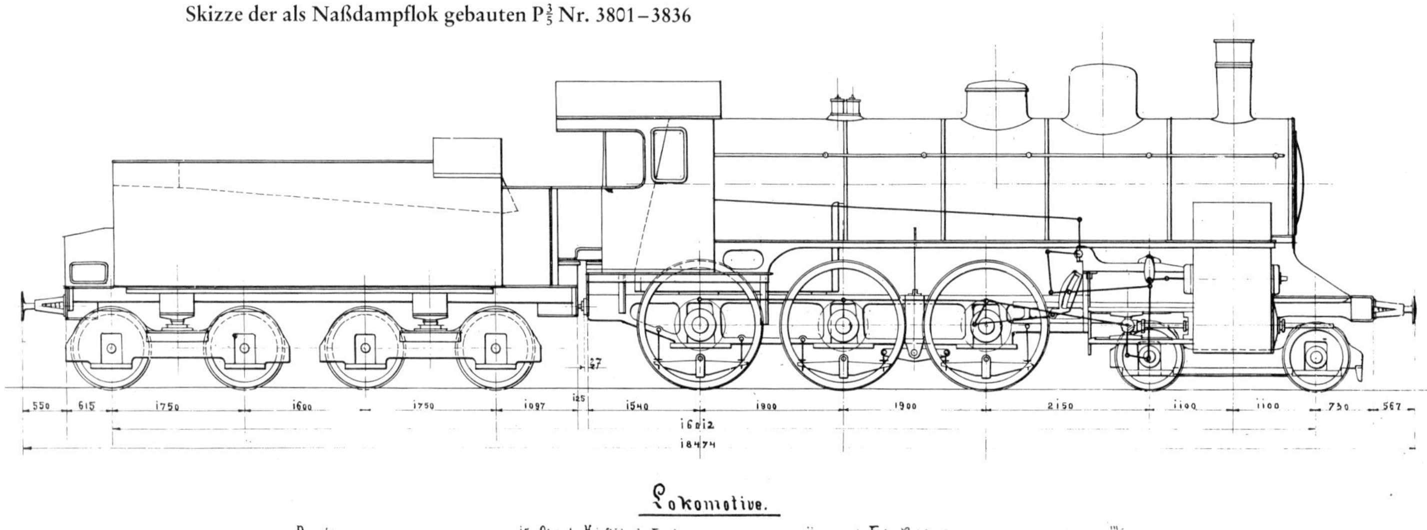

Lokomotive.

Dampfspannung	15	Atm.	Heizfläche der Feuerbox	11,5	qm	Fester Radstand	3800	m/m
Diameter der Hochdruck-Cylinder	340	m/m	" " Siederohre	154,0	"	Totaler "	8150	"
" " Niederdruck- "	570	"	Totale Heizfläche	165,5	"	Grösste Länge der Lokomotive	11014	"
Kolbenhub	640	"	Rostfläche	2,6	"	" Breite	3110	"
Triebrad-Diameter	1640	"	Anzahl der Siederohre	240	Stck	" Höhe	4550	"
Laufrad- "	850	"	Leergewicht	58,0	tons	Spurweite	1435	"
Zugkraft	7000	Kgr	Dienstgewicht	64,0	"	Steigung max.	~	‰

Tender.

Wasser-Vorrat	18000	Kgr.	Fester Radstand	1750	m/m	Grösste Breite	3110	m/m
Kohlen- "	6500	"	Totaler "	5100	"	Leergewicht	20,6	tons
Rad-Diameter	1006	m/m	Grösste Länge	7362	"	Dienstgewicht	45,9	"

Totaler Radstand der Lokomotive mit Tender 16012 m/m

Neue Gattung **P 35.14**

Rostfläche 2,62 m^2
Heizfläche (ohne Überhitzer) 121,78 m^2
Dampfüberdruck 15 atü
Treibraddurchmesser 1640 mm
Höchstgeschwindigkeit 90 km/h

Triebwerksbez. 2C h4v; Tender 4T 18 u. 18,2
Wasservorrat 18; 18,2 m^3
Kohlevorrat 6,0 – 6,5 t
Dienstgewicht 66,8 t
Länge über Puffer (mit Tender) 18,524 m
Indizierte Leistung 1020 PS

Lfd. Nr.	Betriebs-Nummer neu	alt	geliefert durch	geliefert im Jahr	Fabrik-Nummer	Bemerkungen
1	38 001	3801	Maffei	1905	2471	
2	–	3802	Maffei	1905	2472	Verlust im I. Weltkrieg
3	–	3803	Maffei	1905	2473	Verlust im I. Weltkrieg
4	–	3804	Maffei	1905	2474	1919 an Frankreich
5	38 002	3805	Maffei	1905	2475	
6	–	3806	Maffei	1905	2476	1919 an Frankreich
7	–	3807	Maffei	1905	2477	1919 an Frankreich
8	–	3808	Maffei	1906	2483	Verlust im I. Weltkrieg
9	–	3809	Maffei	1906	2484	1919 an Frankreich
10	38 003	3810	Maffei	1906	2485	
11	–	3811	Maffei	1906	2486	1919 an Frankreich
12	–	3812	Maffei	1906	2487	1919 an Frankreich
13	38 004	3813	Maffei	1906	2488	
14	–	3814	Maffei	1906	2489	1919 an Fankreich
15	38 005	3815	Maffei	1906	2490	
16	38 006	3816	Maffei	1906	2491	
17	–	3817	Maffei	1906	2492	1919 an Frankreich

Bild 54 P $\frac{3}{5}$ 38 007 mit D 298 bei Kulmbach, 1931. Nach dem Packwagen läuft ein sechsachsiger Speisewagen (Ernst Köditz)

Lfd. Nr.	Betriebs-Nummer neu	alt	geliefert durch	geliefert im Jahr	Fabrik-Nummer	Bemerkungen
18	–	3818	Maffei	1906	2493	1919 an Frankreich
19	38 007	3819	Maffei	1906	2494	
20	–	3820	Maffei	1906	2495	1919 an Frankreich
21	–	3821	Maffei	1906	2527	Verlust im I. Weltkrieg
22	–	3822	Maffei	1906	2528	1919 an Frankreich
23	38 008	3823	Maffei	1906	2529	
24	38 009	3824	Maffei	1906	2530	
25	–	3825	Maffei	1906	2531	1919 an Frankreich
26	–	3826	Maffei	1906	2532	1919 an Frankreich
27	38 010	3827	Maffei	1907	2609	
28	38 011	3828	Maffei	1907	2610	
29	–	3829	Maffei	1907	2611	1919 an Frankreich
30	–	3830	Maffei	1907	2612	Verlust im I. Weltkrieg
31	–	3831	Maffei	1907	2613	1919 an Frankreich
32	38 012	3832	Maffei	1907	2614	
33	–	3833	Maffei	1907	2615	1919 an Frankreich
34	–	3834	Maffei	1907	2616	1919 an Frankreich
35	38 013	3835	Maffei	1907	2617	
36	–	3836	Maffei	1907	2618	Verlust im I. Weltkrieg

Bild 55
P^3_5 38 426 in Bayreuth Hbf, 1938

Neue Gattung **P 35.15**

Rostfläche 2,76 m^2
Heizfläche (ohne Überhitzer) 142,5 m^2
Dampfüberdruck 15 atü
Treibraddurchmesser 1640 mm
Höchstgeschwindigkeit 90 km/h

Triebwerksbez. 2C h4v; Tender 4T 21,8
Wasservorrat 21,8 m^3
Kohlevorrat 8 t
Dienstgewicht 72,1 t
Länge über Puffer (mit Tender) 19,439 m
Indizierte Leistung 1200 PS

Lfd. Nr.	Betriebs-Nummer neu	alt	geliefert durch	geliefert im Jahr	Fabrik-Nummer	Bemerkungen
37	38 401	3837	Maffei	1921	5246	
38	38 402	3838	Maffei	1921	5247	
39	38 403	3839	Maffei	1921	5248	
40	38 404	3840	Maffei	1921	5249	
41	38 405	3841	Maffei	1921	5250	
42	38 406	3842	Maffei	1921	5251	
43	38 407	3843	Maffei	1921	5252	
44	38 408	3844	Maffei	1921	5253	
45	38 409	3845	Maffei	1921	5254	
46	38 410	3846	Maffei	1921	5255	
47	38 411	3847	Maffei	1921	5256	
48	38 412	3848	Maffei	1921	5257	
49	38 413	3849	Maffei	1921	5258	
50	38 414	3850	Maffei	1921	5259	

Bild 56
$P\frac{3}{5}$ 38 427 in Nürnberg Hbf, 1939

Bild 57
P^{3}_{5} 38 445 in Bayreuth Hbf, 1938

Bild 58
P^{3}_{5} Nr. 3894 (Fabrikbild)

Lfd. Nr.	Betriebs-Nummer neu	alt	geliefert durch	geliefert im Jahr	Fabrik-Nummer	Bemerkungen
51	38 415	3851	Maffei	1921	5260	
52	38 416	3852	Maffei	1921	5261	
53	38 417	3853	Maffei	1921	5262	
54	38 418	3854	Maffei	1921	5263	
55	38 419	3855	Maffei	1921	5264	
56	38 420	3856	Maffei	1921	5265	
57	38 421	3857	Maffei	1921	5266	
58	38 422	3858	Maffei	1921	5267	
59	38 423	3859	Maffei	1921	5268	
60	38 424	3860	Maffei	1921	5269	
61	38 425	3861	Maffei	1921	5270	
62	38 426	3862	Maffei	1921	5271	
63	38 427	3863	Maffei	1921	5272	
64	38 428	3864	Maffei	1921	5273	
65	38 429	3865	Maffei	1921	5274	
66	38 430	3866	Maffei	1921	5275	
67	38 431	3867	Maffei	1921	5276	
68	38 432	3868	Maffei	1921	5277	
69	38 433	3869	Maffei	1921	5278	
70	38 434	3870	Maffei	1921	5279	
71	38 435	3871	Maffei	1921	5280	
72	38 436	3872	Maffei	1921	5281	
73	38 437	3873	Maffei	1921	5282	
74	38 438	3874	Maffei	1921	5283	
75	38 439	3875	Maffei	1921	5284	
76	38 440	3876	Maffei	1921	5285	
77	38 441	3877	Maffei	1921	5296	
78	38 442	3878	Maffei	1921	5297	
79	38 443	3879	Maffei	1921	5298	
80	38 444	3880	Maffei	1921	5299	
81	38 445	3881	Maffei	1921	5300	
82	38 446	3882	Maffei	1921	5301	
83	38 447	3883	Maffei	1921	5302	
84	38 448	3884	Maffei	1921	5303	
85	38 449	3885	Maffei	1921	5304	
86	38 450	3886	Maffei	1921	5305	
87	38 451	3887	Maffei	1921	5306	
88	38 452	3888	Maffei	1921	5307	

Lfd. Nr.	Betriebs-Nummer neu	alt	geliefert durch	geliefert im Jahr	Fabrik-Nummer	Bemerkungen
89	38 453	3889	Maffei	1921	5308	
90	38 454	3890	Maffei	1921	5309	
91	38 455	3891	Maffei	1921	5310	
92	38 456	3892	Maffei	1921	5311	
93	38 457	3893	Maffei	1921	5312	
94	38 458	3894	Maffei	1921	5313	
95	38 459	3895	Maffei	1921	5314	
96	38 460	3896	Maffei	1921	5315	
97	38 461	3897	Maffei	1921	5316	
98	38 462	3898	Maffei	1921	5317	
99	38 463	3899	Maffei	1921	5318	
100	38 464	3900	Maffei	1921	5319	
101	38 465	3901	Maffei	1921	5320	
102	38 466	3902	Maffei	1921	5321	
103	38 467	3903	Maffei	1921	5322	
104	38 468	3904	Maffei	1921	5323	
105	38 469	3905	Maffei	1921	5324	
106	38 470	3906	Maffei	1921	5325	
107	38 471	3907	Maffei	1921	5326	
108	38 472	3908	Maffei	1921	5327	
109	38 473	3909	Maffei	1921	5328	
110	38 474	3910	Maffei	1921	5329	
111	38 475	3911	Maffei	1921	5330	
112	38 476	3912	Maffei	1921	5331	
113	38 477	3913	Maffei	1921	5332	
114	38 478	3914	Maffei	1921	5333	
115	38 479	3915	Maffei	1921	5334	
116	38 480	3916	Maffei	1921	5335	

Bild 59
P$\frac{3}{5}$ 38 459 in Nürnberg Hbf, 15. 3. 1933. Vorne Bahnpolizist mit Polizeihund (Archiv des Verkehrsmuseums Nürnberg)

Bild 60
P$\frac{3}{5}$ (38 449 ?), abgestellt in Regensburg, Herbst 1962

Bild 61
P^{3}_{5} fährt aus Seybothenreuth aus, 1938. Bayerisches Ausfahrsignal

Die Mehrzwecklok G$\frac{3}{4}$H (Baureihe 54^{15-17}),

eine fleißige, leichtere Güterzuglok, die aber auch für Personenzüge eingesetzt wurde, namentlich für Ausflugszüge am Wochenende.
Der Sandbehälter ist mit dem Dampfdom zu einem viereckigen Kasten vereinigt; bei wenigen Maschinen wurden aber beide in der üblichen Form getrennt angeordnet. Der Tender ist dreiachsig.
Bilder 62–76.
Maffei lieferte von 1919 bis 1923 160 Stück; Krauß von 1920 bis 1921 65 Stück. Mit insgesamt 225 Exemplaren war die G$\frac{3}{4}$H eine stückzahlmäßig starke Gattung.
1935 waren G$\frac{3}{4}$H stationiert in Ansbach, Augsburg, Buchloe, Hof, Ingolstadt, Kirchenlaibach, Landshut, München Hbf, München Ost, Neu Ulm, Nördlingen, Nürnberg Rbf, Passau, Plattling, Regensburg, Rosenheim, Schwandorf, Simbach, Treuchtlingen und Weiden. Sechs Lok verblieben 1945 in Österreich.
Die Ausmusterung begann 1945; zuletzt schied die 54 1632 im März 1966 in Nürnberg aus dem Dienst.
In der Ebene erreichte die G$\frac{3}{4}$H mit einem Güterzug von 1000 t noch 60 km/h; in einer Steigung von 5‰ nahm sie bei 50 km/h 535 t.

Bild 62
G$\frac{3}{4}$H 54 1516 in Bayreuth Hbf, Sommer 1956

Neue Gattung **G 34.16**

Rostfläche 2,64 m^2
Heizfläche (ohne Überhitzer) 130,66 m^2
Dampfüberdruck 13 atü
Treibraddurchmesser 1350 mm
Höchstgeschwindigkeit 65 km/h

Triebwerksbez. 1C h2; Tender 3T 18,2
Wasservorrat 18,2 m^3
Kohlevorrat 6 t
Dienstgewicht 61,4; 62,2 t
Länge über Puffer (mit Tender) 17,500 m
Indizierte Leistung 1040 PS

Lfd. Nr.	Betriebs-Nummer neu	alt	geliefert durch	geliefert im Jahr	Fabrik-Nummer	Bemerkungen
1	54 1501	7001	Maffei	1919	5031	
2	54 1502	7002	Maffei	1919	5032	
3	54 1503	7003	Maffei	1919	5033	
4	54 1504	7004	Maffei	1919	5034	
5	54 1505	7005	Maffei	1919	5035	
6	54 1506	7006	Maffei	1919	5036	
7	54 1507	7007	Maffei	1919	5037	
8	54 1508	7008	Maffei	1919	5038	
9	54 1509	7009	Maffei	1919	5039	
10	54 1510	7010	Maffei	1919	5040	
11	54 1511	7011	Maffei	1919	5041	
12	54 1512	7012	Maffei	1919	5042	
13	54 1513	7013	Maffei	1919	5043	

Bild 63
$G\frac{3}{4}H$ 54 1516 in Bayreuth Hbf, Sommer 1956

Lfd. Nr.	Betriebs-Nummer neu	alt	geliefert durch	geliefert im Jahr	Fabrik-Nummer	Bemerkungen
14	54 1514	7014	Maffei	1919	5044	
15	54 1515	7015	Maffei	1919	5045	
16	54 1516	7016	Maffei	1919	5046	
17	54 1517	7017	Maffei	1919	5047	
18	54 1518	7018	Maffei	1919	5048	
19	54 1519	7019	Maffei	1919	5049	
20	54 1520	7020	Maffei	1919	5050	
21	54 1521	7021	Maffei	1919	5051	
22	54 1522	7022	Maffei	1919	5052	
23	54 1523	7023	Maffei	1919	5053	
24	54 1524	7024	Maffei	1919	5054	
25	54 1525	7025	Maffei	1919	5055	
26	54 1526	7026	Maffei	1919	5056	
27	54 1527	7027	Maffei	1919	5057	
28	54 1528	7028	Maffei	1919	5058	
29	54 1529	7029	Maffei	1919	5059	
30	54 1530	7030	Maffei	1919	5060	

Bild 64
G$\frac{3}{4}$H 54 1516 fährt aus Bayreuth Hbf aus, Sommer 1956

Lfd. Nr.	Betriebs-Nummer neu	alt	geliefert durch	geliefert im Jahr	Fabrik-Nummer	Bemerkungen
31	54 1531	7031	Maffei	1919	5061	
32	54 1532	7032	Maffei	1919	5062	
33	54 1533	7033	Maffei	1919	5063	
34	54 1534	7034	Maffei	1919	5064	
35	54 1535	7035	Maffei	1919	5065	
36	54 1536	7036	Maffei	1919	5066	
37	54 1537	7037	Maffei	1919	5067	
38	54 1538	7038	Maffei	1919	5068	
39	54 1539	7039	Maffei	1920	5069	
40	54 1540	7040	Maffei	1920	5070	
41	54 1541	7041	Krauß	1920	7682	
42	54 1542	7042	Krauß	1920	7683	
43	54 1543	7043	Krauß	1920	7684	
44	54 1544	7044	Krauß	1920	7685	
45	54 1545	7045	Krauß	1920	7086	
46	54 1546	7046	Krauß	1920	7687	
47	54 1547	7047	Krauß	1920	7688	
48	54 1548	7048	Krauß	1920	7689	
49	54 1549	7049	Krauß	1920	7690	
50	54 1550	7050	Krauß	1920	7691	
51	54 1551	7051	Krauß	1920	7692	
52	54 1552	7052	Krauß	1920	7693	
53	54 1553	7053	Krauß	1920	7694	
54	54 1554	7054	Krauß	1920	7695	
55	54 1555	7055	Krauß	1920	7696	
56	54 1556	7056	Krauß	1920	7697	
57	54 1557	7057	Krauß	1920	7698	
58	54 1558	7058	Krauß	1920	7699	
59	54 1559	7059	Krauß	1920	7700	
60	54 1560	7060	Krauß	1920	7701	
61	54 1561	7061	Krauß	1920	7702	
62	54 1562	7062	Krauß	1920	7703	
63	54 1563	7063	Krauß	1920	7704	
64	54 1564	7064	Krauß	1920	7705	
65	54 1565	7065	Krauß	1920	7706	
66	54 1566	7066	Maffei	1920	5115	
67	54 1567	7067	Maffei	1920	5116	
68	54 1568	7068	Maffei	1920	5117	
69	54 1569	7069	Maffei	1920	5118	

Bild 65
$G\frac{3}{4}H$ 54 1521, Tender abgekuppelt. Dahinter $Pt\frac{2}{3}$. Fürth (Bay) Hbf, 1935

Bild 66
$G\frac{3}{4}H$ 54 1555 in Falls, Sommer 1951

Lfd. Nr.	Betriebs-Nummer neu	alt	geliefert durch	geliefert im Jahr	Fabrik-Nummer	Bemerkungen
70	54 1570	7070	Maffei	1920	5119	
71	54 1571	7071	Maffei	1920	5120	
72	54 1572	7072	Maffei	1920	5121	
73	54 1573	7073	Maffei	1920	5122	
74	54 1574	7074	Maffei	1920	5123	
75	54 1575	7075	Maffei	1920	5124	
76	54 1576	7076	Maffei	1920	5125	
77	54 1577	7077	Maffei	1920	5126	
78	54 1578	7078	Maffei	1920	5127	
79	54 1579	7079	Maffei	1920	5128	
80	54 1580	7080	Maffei	1920	5129	
81	54 1581	7081	Maffei	1920	5130	
82	54 1582	7082	Maffei	1920	5131	
83	54 1583	7083	Maffei	1920	5132	
84	54 1584	7084	Maffei	1920	5133	
85	54 1585	7085	Maffei	1920	5134	
86	54 1586	7086	Maffei	1920	5135	
87	54 1587	7087	Maffei	1920	5136	
88	54 1588	7088	Maffei	1920	5137	
89	54 1589	7089	Maffei	1920	5138	
90	54 1590	7090	Maffei	1920	5139	

Bild 67
G$\frac{3}{4}$H 54 1563 in Nürnberg Ost, Sommer 1957

Bild 68
$G\frac{3}{4}H$ 54 1592 mit Arbeitszug in Markt Bibart, 1935

Bild 69
$G\frac{3}{4}H$ 54 1632 rangiert in Nürnberg-Dutzendteich, Herbst 1963

Lfd. Nr.	Betriebs-Nummer neu	alt	geliefert durch	geliefert im Jahr	Fabrik-Nummer	Bemerkungen
91	54 1591	7091	Maffei	1920	5140	
92	54 1592	7092	Maffei	1920	5141	
93	54 1593	7093	Maffei	1920	5142	
94	54 1594	7094	Maffei	1920	5143	
95	54 1595	7095	Maffei	1920	5144	
96	54 1596	7096	Maffei	1920	5145	
97	54 1597	7097	Maffei	1920	5146	
98	54 1598	7098	Maffei	1920	5147	
99	54 1599	7099	Maffei	1920	5148	
100	54 1600	7100	Maffei	1920	5149	
101	54 1601	7101	Maffei	1920	5150	
102	54 1602	7102	Maffei	1920	5151	
103	54 1603	7103	Maffei	1920	5152	
104	54 1604	7104	Maffei	1920	5153	
105	54 1605	7105	Maffei	1920	5154	
106	54 1606	7106	Maffei	1920	5155	
107	54 1607	7107	Maffei	1920	5156	
108	54 1608	7108	Maffei	1920	5157	
109	54 1609	7109	Maffei	1920	5158	
110	54 1610	7110	Maffei	1920	5159	
111	54 1611	7111	Maffei	1920	5160	
112	54 1612	7112	Maffei	1920	5161	
113	54 1613	7113	Maffei	1920	5162	
114	54 1614	7114	Maffei	1920	5163	
115	54 1615	7115	Maffei	1920	5164	
116	54 1616	7116	Maffei	1920	5165	
117	54 1617	7117	Maffei	1920	5166	
118	54 1618	7118	Maffei	1920	5167	
119	54 1619	7119	Maffei	1920	5168	
120	54 1620	7120	Maffei	1920	5169	
121	54 1621	7121	Maffei	1921	5170	
122	54 1622	7122	Maffei	1921	5171	
123	54 1623	7123	Maffei	1921	5172	
124	54 1624	7124	Maffei	1921	5173	
125	54 1625	7125	Maffei	1921	5174	
126	54 1626	7126	Krauß	1920	7711	
127	54 1627	7127	Krauß	1920	7712	
128	54 1628	7128	Krauß	1920	7713	
129	54 1629	7129	Krauß	1920	7714	

Lfd. Nr.	Betriebs-Nummer neu	alt	geliefert durch	geliefert im Jahr	Fabrik-Nummer	Bemerkungen
130	54 1630	7130	Krauß	1920	7715	
131	54 1631	7131	Krauß	1920	7716	
132	54 1632	7132	Krauß	1920	7717	
133	54 1633	7133	Krauß	1920	7718	
134	54 1634	7134	Krauß	1920	7719	
135	54 1635	7135	Krauß	1920	7720	
136	54 1636	7136	Krauß	1920	7721	
137	54 1637	7137	Krauß	1920	7722	
138	54 1638	7138	Krauß	1920	7723	
139	54 1639	7139	Krauß	1920	7724	
140	54 1640	7140	Krauß	1920	7725	
141	54 1641	7141	Krauß	1920	7726	
142	54 1642	7142	Krauß	1920	7727	
143	54 1643	7143	Krauß	1920	7728	
144	54 1644	7144	Krauß	1920	7729	
145	54 1645	7145	Krauß	1920	7730	
146	54 1646	7146	Krauß	1920	7731	
147	54 1647	7147	Krauß	1920	7732	

Bild 70
Lokomotivzug mit 4 $G\frac{3}{4}$ H und 1 $G\,8^{1}$ verläßt das Bw Nürnberg Rbf, Sommer 1958. Vorne $G\frac{3}{4}$ H 54 1658

Bild 71
G$\frac{3}{4}$H 54 1685 rangiert in Nürnberg Hgbf, Frühjahr 1962

Bild 72
G$\frac{3}{4}$H 54 1692 in Falls, Sommer 1951

Lfd. Nr.	Betriebs-Nummer neu	alt	geliefert durch	geliefert im Jahr	Fabrik-Nummer	Bemerkungen
148	54 1648	7148	Krauß	1920	7733	
149	54 1649	7149	Krauß	1920	7734	
150	54 1650	7150	Krauß	1921	7735	
151	54 1651	7151	Krauß	1921	7736	
152	54 1652	7152	Krauß	1921	7737	
153	54 1653	7153	Krauß	1921	7738	
154	54 1654	7154	Krauß	1921	7739	
155	54 1655	7155	Krauß	1921	7740	
156	54 1656	7156	Krauß	1921	7741	
157	54 1657	7157	Krauß	1921	7742	
158	54 1658	7158	Krauß	1921	7743	
159	54 1659	7159	Krauß	1921	7744	
160	54 1660	7160	Krauß	1921	7745	
161	54 1661	7161	Krauß	1921	7746	
162	54 1662	7162	Krauß	1921	7747	
163	54 1663	7163	Krauß	1921	7748	
164	54 1664	7164	Krauß	1921	7749	
165	54 1665	7165	Krauß	1921	7750	

Bild 73
$G\frac{3}{4}$ H 54 1692 als Lpaz (= Lokomotive mit Packwagen als Zug) in Wiesau (Oberpf), Sommer 1956. Links $G\frac{3}{4}$ H 54 1620 mit Güterzug

Bild 74
G$\frac{3}{4}$ H 54 1692 in Falls,
Sommer 1951

Bild 75
G$\frac{3}{4}$ H 54 1701 abgestellt
in Regensburg,
Herbst 1962

Lfd. Nr.	Betriebs-Nummer neu	alt	geliefert durch	geliefert im Jahr	Fabrik-Nummer	Bemerkungen
166	54 1666	7166	Maffei	1922	5366	
167	54 1667	7167	Maffei	1922	5367	
168	54 1668	7168	Maffei	1922	5368	
169	54 1669	7169	Maffei	1922	5369	
170	54 1670	7170	Maffei	1922	5370	
171	54 1671	7171	Maffei	1922	5371	
172	54 1672	7172	Maffei	1922	5372	
173	54 1673	7173	Maffei	1922	5373	
174	54 1674	7174	Maffei	1922	5374	
175	54 1675	7175	Maffei	1922	5375	
176	54 1676	7176	Maffei	1922	5376	
177	54 1677	7177	Maffei	1922	5377	
178	54 1678	7178	Maffei	1922	5378	
179	54 1679	7179	Maffei	1922	5379	
180	54 1680	7180	Maffei	1922	5380	
181	54 1681	7181	Maffei	1922	5381	
182	54 1682	7182	Maffei	1922	5382	
183	54 1683	7183	Maffei	1922	5383	
184	54 1684	7184	Maffei	1922	5384	
185	54 1685	7185	Maffei	1922	5385	
186	54 1686	7186	Maffei	1922	5386	
187	54 1687	7187	Maffei	1922	5387	
188	54 1688	7188	Maffei	1922	5388	
189	54 1689	7189	Maffei	1922	5389	
190	54 1690	7190	Maffei	1922	5390	
191	54 1691	7191	Maffei	1922	5391	
192	54 1692	7192	Maffei	1922	5392	
193	54 1693	7193	Maffei	1922	5393	
194	54 1694	7194	Maffei	1922	5394	
195	54 1695	7195	Maffei	1922	5395	
196	54 1696	7196	Maffei	1922	5396	
197	54 1697	7197	Maffei	1922	5397	
198	54 1698	7198	Maffei	1922	5398	
199	54 1699	7199	Maffei	1922	5399	
200	54 1700	7200	Maffei	1922	5400	
201	54 1701	7201	Maffei	1922	5401	
202	54 1702	7202	Maffei	1922	5402	
203	54 1703	7203	Maffei	1922	5403	
204	54 1704	7204	Maffei	1922	5404	

Lfd. Nr.	Betriebs-Nummer neu	alt	geliefert durch	geliefert im Jahr	Fabrik-Nummer	Bemerkungen
205	54 1705	7205	Maffei	1922	5405	
206	54 1706	7206	Maffei	1922	5406	
207	54 1707	7207	Maffei	1922	5407	
208	54 1708	7208	Maffei	1922	5408	
209	54 1709	7209	Maffei	1922	5409	
210	54 1710	7210	Maffei	1922	5410	
211	54 1711	7211	Maffei	1922	5411	
212	54 1712	7212	Maffei	1923	5412	
213	54 1713	7213	Maffei	1923	5413	
214	54 1714	7214	Maffei	1923	5414	
215	54 1715	7215	Maffei	1923	5415	
216	54 1716	7216	Maffei	1923	5416	
217	54 1717	7217	Maffei	1923	5417	
218	54 1718	7218	Maffei	1923	5418	
219	54 1719	7219	Maffei	1923	5419	
220	54 1720	7220	Maffei	1923	5420	
221	54 1721	7221	Maffei	1923	5421	
222	54 1722	7222	Maffei	1923	5422	
223	54 1723	7223	Maffei	1923	5423	
224	54 1724	7224	Maffei	1923	5424	
225	54 1725	7225	Maffei	1923	5425	

Bild 76
G$\frac{3}{4}$ H in Neuenmarkt-Wirsberg, Herbst 1950

Die Güterzuglok $G\frac{4}{5}H$ (Baureihe 56^{8-11}),

die bayerische Kriegslok des I. Weltkrieges. Die Betriebsnummern 5151 bis 5160 (= spätere Baureihe 56^{8}) waren ursprünglich für die Militär-Generaldirektion Brüssel, die Betriebsnummern 5211 bis 5235 (= spätere Baureihe 56^{11}) waren ursprünglich für die Militär-Generaldirektion Warschau bestimmt. Mit 230 Exemplaren hat die $G\frac{4}{5}H$ die höchste Stückzahl unter den neueren bayerischen Lokomotiven.
Bei ihr sind Dampfdom und Sandbehälter zu einem viereckigen Kasten vereinigt, wie bei den meisten $G\frac{3}{4}H$. Der Tender ist dreiachsig.

Bilder 77–84.
Maffei lieferte von 1915 bis 1919 210 Stück, Krauß von 1916 bis 1918 20 Stück.
62 Maschinen mußten 1919 an die Feindbundstaaten abgegeben werden, eine davon kehrte 1920 aus Belgien zurück.
Die Ausmusterung begann schon 1933.
1935 waren die noch vorhandenen wenigen $G\frac{4}{5}H$ stationiert in Eger, Freilassing, Kempten, München Ost, Nürnberg Rbf, Plattling und Treuchtlingen.
Als letzte schieden die 56 987 und die 56 1116 im Dezember 1947 aus dem Dienst.

Bild 77
$G\frac{4}{5}H$ Nr. 5502 (Krauß-Maffei-Werkfoto)

In der Ebene erreichte die $G\frac{4}{5}H$ ihre Höchstgeschwindigkeit (60 km/h) mit einem Güterzug von 1370 t; in einer Steigung von 5‰ nahm sie bei 40 km/h 1000 t.

Neue Gattung **G 45.16**
Rostfläche 3,3 m^2
Heizfläche (ohne Überhitzer) 186,7; 179,3 m^2
Dampfüberdruck 16 atü
Treibraddurchmesser 1300 mm
Höchstgeschwindigkeit 60 km/h

Triebwerksbez. 1D h4v; Tender 3 T 20,2
Wasservorrat 20,2 m^3
Kohlevorrat 6,5 t
Dienstgewicht 75,9; 76,6 t
Länge über Puffer (mit Tender) 18,250 m
Indizierte Leistung 1490 PS

Lfd. Nr.	Betriebs-Nummer neu	alt	geliefert durch	geliefert im Jahr	Fabrik-Nummer	Bemerkungen
1	56 801	5151	Maffei	1916	4774	
2	56 802	5152	Maffei	1916	4775	
3	56 803	5153	Maffei	1916	4776	
4	–	5154	Maffei	1916	4777	1919 an Belgien
5	56 804	5155	Maffei	1916	4778	
6	56 805	5156	Maffei	1916	4779	
7	56 806	5157	Maffei	1917	4780	
8	56 807	5158	Maffei	1917	4781	
9	56 808	5159	Maffei	1917	4782	
10	56 809	5160	Maffei	1917	4783	
11	56 901	5501	Maffei	1915	4552	
12	56 902	5502	Maffei	1915	4553	
13	56 903	5503	Maffei	1915	4554	
14	56 904	5504	Maffei	1915	4555	
15	–	5505	Maffei	1915	4556	1919 an Frankreich
16	56 905	5506	Maffei	1915	4557	
17	–	5507	Maffei	1915	4558	1919 an Frankreich
18	56 906	5508	Maffei	1915	4559	
19	56 907	5509	Maffei	1915	4560	
20	56 908	5510	Maffei	1915	4561	
21	56 909	5511	Maffei	1916	4562	
22	56 910	5512	Maffei	1916	4563	
23	56 911	5513	Maffei	1916	4564	
24	–	5514	Maffei	1916	4565	1919 an Frankreich
25	56 912	5515	Maffei	1916	4566	
26	–	5516	Maffei	1916	4567	1919 an Frankreich
27	56 913	5517	Maffei	1916	4568	
28	56 914	5518	Maffei	1916	4569	

Lfd. Nr.	Betriebs-Nummer neu	alt	geliefert durch	geliefert im Jahr	Fabrik-Nummer	Bemerkungen
29	56 915	5519	Maffei	1916	4570	
30	56 916	5520	Maffei	1916	4571	
31	56 917	5521	Maffei	1916	4572	
32	–	5522	Maffei	1916	4573	1919 an Belgien
33	56 918	5523	Maffei	1916	4574	
34	56 919	5524	Maffei	1916	4575	
35	56 920	5525	Maffei	1916	4576	
36	56 921	5526	Maffei	1916	4577	
37	–	5527	Maffei	1916	4578	1919 an Frankreich
38	56 922	5528	Maffei	1916	4579	
39	56 923	5529	Maffei	1916	4580	
40	56 924	5530	Maffei	1916	4581	
41	56 925	5531	Maffei	1916	4582	
42	–	5532	Maffei	1916	4583	1919 an Belgien
43	–	5533	Maffei	1916	4584	1919 an Frankreich
44	56 926	5534	Maffei	1916	4585	
45	56 927	5535	Maffei	1916	4586	
46	56 928	5536	Krauß	1916	7077	
47	56 929	5537	Krauß	1916	7078	
48	56 930	5538	Krauß	1916	7079	
49	56 931	5539	Krauß	1916	7080	
50	56 932	5540	Krauß	1916	7081	
51	56 933	5541	Krauß	1916	7082	
52	56 934	5542	Krauß	1916	7083	
53	56 935	5543	Krauß	1916	7084	
54	56 936	5544	Krauß	1916	7085	
55	56 937	5545	Krauß	1916	7086	
56	56 938	5546	Krauß	1916	7087	
57	56 939	5547	Krauß	1917	7088	
58	56 940	5548	Krauß	1917	7089	
59	56 941	5549	Krauß	1917	7090	
60	–	5550	Krauß	1917	7091	1919 an Frankreich
61	–	5551	Krauß	1917	7092	1919 an Frankreich
62	56 942	5552	Krauß	1918	7093	
63	56 943	5553	Krauß	1918	7094	
64	56 944	5554	Krauß	1918	7095	
65	–	5555	Krauß	1918	7096	1919 an Frankreich

Lfd. Nr.	Betriebs-Nummer neu	alt	geliefert durch	geliefert im Jahr	Fabrik-Nummer	Bemerkungen
66	56 945	5556	Maffei	1916	4640	
67	56 946	5557	Maffei	1916	4641	
68	56 947	5558	Maffei	1916	4642	
69	56 948	5559	Maffei	1916	4643	
70	56 949	5560	Maffei	1916	4644	
71	56 950	5561	Maffei	1916	4645	
72	56 951	5562	Maffei	1916	4646	
73	–	5563	Maffei	1916	4647	1919 an Belgien
74	56 952	5564	Maffei	1916	4648	
75	56 953	5565	Maffei	1916	4649	
76	56 954	5566	Maffei	1917	4650	
77	56 955	5567	Maffei	1917	4651	
78	56 956	5568	Maffei	1917	4652	
79	56 957	5569	Maffei	1917	4653	
80	–	5570	Maffei	1917	4654	1919 an Belgien
81	56 958	5571	Maffei	1917	4655	
82	–	5572	Maffei	1917	4656	1919 an Frankreich
83	56 959	5573	Maffei	1917	4657	
84	56 960	5574	Maffei	1917	4658	

Bild 78
$G\frac{4}{5}$ H Nr. 5502 (Fabrikbild)

Lfd. Nr.	Betriebs-Nummer neu	alt	geliefert durch	geliefert im Jahr	Fabrik-Nummer	Bemerkungen
85	56 961	5575	Maffei	1917	4659	
86	56 962	5576	Maffei	1917	4660	
87	56 963	5577	Maffei	1917	4661	
88	56 964	5578	Maffei	1917	4662	
89	56 965	5579	Maffei	1917	4663	
90	56 966	5580	Maffei	1917	4664	
91	56 967	5581	Maffei	1917	4665	
92	56 968	5582	Maffei	1917	4666	
93	–	5583	Maffei	1917	4667	1919 an Frankreich
94	56 969	5584	Maffei	1917	4668	
95	56 970	5585	Maffei	1917	4669	
96	56 971	5586	Maffei	1917	4670	
97	56 972	5587	Maffei	1917	4671	
98	56 973	5588	Maffei	1917	4672	
99	56 974	5589	Maffei	1917	4673	
100	56 975	5590	Maffei	1917	4674	
101	56 976	5591	Maffei	1917	4675	
102	56 977	5592	Maffei	1917	4676	

Bild 79
$G\frac{4}{5}$ H Nr. 5555. Sie wurde 1919 nagelneu an Frankreich abgeliefert (Fabrikbild)

Lfd. Nr.	Betriebs-Nummer neu	alt	geliefert durch	geliefert im Jahr	Fabrik-Nummer	Bemerkungen
103	–	5593	Maffei	1917	4677	1919 an Frankreich
104	56 978	5594	Maffei	1917	4678	
105	56 979	5595	Maffei	1917	4679	

Neue Gattung **G 45.16**

Rostfläche 3,2 m²
Heizfläche (ohne Überhitzer) 179,0 m²
Dampfüberdruck 16 atü
Treibraddurchmesser 1300 mm
Höchstgeschwindigkeit 60 km/h

Triebwerksbez. 1D h4v; Tender 3T 20,2
Wasservorrat 20,2 m³
Kohlevorrat 6,5 t
Dienstgewicht 77,0 t
Länge über Puffer (mit Tender) 18,250 m
Indizierte Leistung 1490 PS

Lfd. Nr.	Betriebs-Nummer neu	alt	geliefert durch	geliefert im Jahr	Fabrik-Nummer	Bemerkungen
106	56 980	5596	Maffei	1917	4790	
107	–	5597	Maffei	1917	4791	1919 an Frankreich
108	56 981	5598	Maffei	1917	4792	
109	56 982	5599	Maffei	1917	4793	
110	56 983	5600	Maffei	1917	4794	
111	56 984	5601	Maffei	1917	4795	
112	56 985	5602	Maffei	1917	4796	
113	56 986	5603	Maffei	1917	4797	
114	–	5604	Maffei	1917	4798	1919 an Belgien
115	–	5605	Maffei	1917	4799	1919 an Frankreich
116	56 987	5606	Maffei	1917	4800	
117	56 988	5607	Maffei	1917	4801	
118	56 989	5608	Maffei	1917	4802	
119	56 990	5609	Maffei	1917	4803	
120	–	5610	Maffei	1917	4804	1919 an Frankreich
121	–	5611	Maffei	1917	4805	1919 an Frankreich
122	56 991	5612	Maffei	1917	4806	
123	56 992	5613	Maffei	1917	4807	
124	56 993	5614	Maffei	1917	4808	
125	56 994	5615	Maffei	1917	4809	1919 an Belgien, 1920 an DR zurück
126	56 995	5616	Maffei	1917	4810	
127	56 996	5617	Maffei	1917	4811	
128	56 997	5618	Maffei	1917	4812	
129	56 998	5619	Maffei	1918	4813	
130	56 999	5620	Maffei	1918	4814	

Bild 80
$G\frac{4}{5}$ H Nr. 5559
(Autor unbekannt)

Bild 81
$G\frac{4}{5}$ H 56 987 fährt aus
Nürnberg Rbf aus, 1937

Lfd. Nr.	Betriebs-Nummer neu	alt	geliefert durch	geliefert im Jahr	Fabrik-Nummer	Bemerkungen
131	56 1000	5621	Maffei	1918	4815	
132	56 1001	5622	Maffei	1918	4816	
133	56 1002	5623	Maffei	1918	4817	
134	56 1003	5624	Maffei	1918	4818	
135	56 1004	5625	Maffei	1918	4819	
136	56 1005	5626	Maffei	1918	4820	
137	56 1006	5627	Maffei	1918	4821	
138	56 1007	5628	Maffei	1918	4822	
139	56 1008	5629	Maffei	1918	4823	
140	56 1009	5630	Maffei	1918	4824	
141	–	5631	Maffei	1918	4825	1919 an Frankreich
142	56 1010	5632	Maffei	1918	4826	
143	–	5633	Maffei	1918	4827	1919 an Frankreich
144	–	5634	Maffei	1918	4828	1919 an Frankreich
145	–	5635	Maffei	1918	4829	1919 an Frankreich
146	–	5636	Maffei	1918	4830	1919 an Frankreich
147	–	5637	Maffei	1918	4831	1919 an Frankreich
148	56 1011	5638	Maffei	1918	4925	
149	56 1012	5639	Maffei	1918	4926	
150	56 1013	5640	Maffei	1918	4927	
151	–	5641	Maffei	1918	4928	1919 an Frankreich
152	56 1014	5642	Maffei	1918	4929	
153	56 1015	5643	Maffei	1918	4930	
154	56 1016	5644	Maffei	1918	4931	
155	56 1017	5645	Maffei	1918	4932	
156	56 1018	5646	Maffei	1918	4933	
157	56 1019	5647	Maffei	1918	4934	
158	56 1020	5648	Maffei	1918	4935	
159	–	5649	Maffei	1918	4936	1919 an Frankreich
160	56 1021	5650	Maffei	1918	4937	
161	–	5651	Maffei	1918	4938	1919 an Frankreich
162	–	5652	Maffei	1918	4939	1919 an Frankreich
163	–	5653	Maffei	1918	4940	1919 an Belgien
164	–	5654	Maffei	1918	4941	1919 an Frankreich
165	56 1022	5655	Maffei	1918	4942	
166	–	5656	Maffei	1918	4943	1919 an Frankreich
167	56 1023	5657	Maffei	1918	4944	
168	–	5658	Maffei	1918	4945	1919 an Frankreich
169	56 1024	5659	Maffei	1918	4946	

Bild 82
G$\frac{4}{5}$ H 56 987 auf der Ausstellung zur 100-Jahr-Feier der Deutschen Eisenbahnen in Nürnberg, 1935. Die Lok ist Demonstrationsobjekt für eine Hebebockanlage zum Heben schwerer Fahrzeuge in Werkstätten

Bild 83
$G\frac{4}{5}H$ 56 1034 in Nürnberg Rbf, 1937. Bayerisches Ruhesignal

Bild 84
$G\frac{4}{5}H$ und $G\frac{3}{4}H$ in Nürnberg Rbf, 1937

Lfd. Nr.	Betriebs-Nummer neu	alt	geliefert durch	geliefert im Jahr	Fabrik-Nummer	Bemerkungen
170	–	5660	Maffei	1918	4947	1919 an Frankreich
171	–	5661	Maffei	1918	4948	1919 an Frankreich
172	–	5662	Maffei	1918	4949	1919 an Frankreich
173	–	5663	Maffei	1918	4950	1919 an Frankreich
174	–	5664	Maffei	1918	4951	1919 an Frankreich
175	–	5665	Maffei	1918	4952	1919 an Frankreich
176	–	5666	Maffei	1918	4953	1919 an Frankreich
177	–	5667	Maffei	1918	4954	1919 an Frankreich
178	–	5668	Maffei	1918	4955	1919 an Frankreich
179	–	5669	Maffei	1918	4956	1919 an Frankreich
180	–	5670	Maffei	1918	4957	1919 an Frankreich
181	56 1025	5671	Maffei	1918	4958	
182	56 1026	5672	Maffei	1918	4959	
183	–	5673	Maffei	1918	4960	1919 an Frankreich
184	–	5674	Maffei	1918	4961	1919 an Frankreich
185	–	5675	Maffei	1918	4962	1919 an Frankreich
186	–	5676	Maffei	1918	4963	1919 an Belgien
187	–	5677	Maffei	1918	4964	1919 an Belgien
188	–	5678	Maffei	1918	4965	1919 an Frankreich
189	–	5679	Maffei	1918	4966	1919 an Frankreich
190	–	5680	Maffei	1918	4967	1919 an Belgien
191	56 1027	5681	Maffei	1919	4968	
192	–	5682	Maffei	1919	4969	1919 an Belgien
193	–	5683	Maffei	1919	4970	1919 an Belgien
194	–	5684	Maffei	1919	4971	1919 an Frankreich
195	–	5685	Maffei	1919	4972	1919 an Frankreich
196	–	5686	Maffei	1919	4973	1919 an Frankreich
197	–	5687	Maffei	1919	4974	1919 Belgien
198	56 1028	5688	Maffei	1919	4975	
199	56 1029	5689	Maffei	1919	4976	
200	56 1030	5690	Maffei	1919	4977	
201	56 1031	5691	Maffei	1919	4978	
202	56 1032	5692	Maffei	1919	4979	
203	56 1033	5693	Maffei	1919	4980	
204	56 1034	5694	Maffei	1919	4981	
205	56 1035	5695	Maffei	1919	4982	
206	56 1101	5211	Maffei	1918	5006	
207	56 1102	5212	Maffei	1918	5007	

Lfd. Nr.	Betriebs-Nummer neu	alt	geliefert durch	geliefert im Jahr	Fabrik-Nummer	Bemerkungen
208	56 1103	5213	Maffei	1918	5008	
209	56 1104	5214	Maffei	1918	5009	
210	56 1105	5215	Maffei	1918	5010	
211	56 1106	5216	Maffei	1918	5011	
212	56 1107	5217	Maffei	1918	5012	
213	56 1108	5218	Maffei	1918	5013	
214	56 1109	5219	Maffei	1918	5014	
215	56 1110	5220	Maffei	1918	5015	
216	56 1111	5221	Maffei	1918	5016	
217	56 1112	5222	Maffei	1919	5017	
218	56 1113	5223	Maffei	1919	5018	
219	56 1114	5224	Maffei	1919	5019	
220	56 1115	5225	Maffei	1919	5020	
221	56 1116	5226	Maffei	1919	5021	
222	56 1117	5227	Maffei	1919	5022	
223	56 1118	5228	Maffei	1919	5023	
224	56 1119	5229	Maffei	1919	5024	
225	56 1120	5230	Maffei	1919	5025	
226	56 1121	5231	Maffei	1919	5026	
227	56 1122	5232	Maffei	1919	5027	
228	56 1123	5233	Maffei	1919	5028	
229	56 1124	5234	Maffei	1919	5029	
230	56 1125	5235	Maffei	1919	5030	

Die Güterzuglok $G\frac{5}{5}$ (Baureihe 57^5),

die stattliche und leistungsfähige Güterzuglok im Stil der Maffei'schen Schnellzuglokomotiven.
Bilder 85–92.
Alle 95 Maschinen wurden von Maffei in den Jahren 1911 bis 1924 geliefert.
Vier Stück mußten 1919 an Belgien abgegeben werden.
Die Ausmusterung begann schon 1932.
1935 waren noch $G\frac{5}{5}$ stationiert in Hof, Regensburg, Schwandorf, Treuchtlingen und Weiden.
Als letzte schieden die 57 574 und die 57 579 im Jahre 1950 aus dem Dienst.
In der Ebene erreichte die $G\frac{5}{5}$ ihre Höchstgeschwindigkeit (60 km/h) mit einem Güterzug von 1340 t; in einer Steigung von 5‰ nahm sie bei 40 km/h 1050 t.

Bild 85
$G\frac{5}{5}$ Nr. 5815 als Objekt der Internationalen Ausstellung in Turin, 1911. Krempe am Schlot ähnlich wie bei der $S\frac{3}{6}$ (Fabrikbild)

Neue Gattung **G 55.15;** ab Nr. 5816: **G 55.16**
Rostfläche 3,7 m^2
Heizfläche (ohne Überhitzer) 188,7 m^2
Dampfüberdruck 16 atü
Treibraddurchmesser 1270 mm
Höchstgeschwindigkeit 60 km/h

Triebwerksbez. E h4v; Tender 4T 21,8
Wasservorrat 21,8 m^3
Kohlevorrat 7,5 t; 8 t
Dienstgewicht 80,2; 83,4 t
Länge über Puffer (mit Tender) 19,974 m
Indizierte Leistung 1650 PS

Lfd. Nr.	Betriebs-Nummer neu	alt	geliefert durch	geliefert im Jahr	Fabrik-Nummer	Bemerkungen
1	–	5801	Maffei	1911	3235	Verlust im I. Weltkrieg
2	57 501	5802	Maffei	1911	3236	
3	–	5803	Maffei	1911	3237	1919 an Belgien
4	57 502	5804	Maffei	1911	3238	
5	–	5805	Maffei	1911	3239	1919 an Belgien
6	–	5806	Maffei	1911	3240	Verlust im I. Weltkrieg
7	57 503	5807	Maffei	1911	3241	
8	–	5808	Maffei	1911	3242	Verlust im I. Weltkrieg
9	57 504	5809	Maffei	1911	3243	
10	57 505	5810	Maffei	1911	3244	
11	–	5811	Maffei	1911	3245	1919 an Belgien
12	57 506	5812	Maffei	1911	3246	
13	57 507	5813	Maffei	1911	3247	
14	–	5814	Maffei	1911	3248	1919 an Belgien
15	–	5815	Maffei	1911	3249	Verlust im I. Weltkrieg
	57 508 – 57 510 = unbesetzte Betriebsnummern					
16	57 511	5816	Maffei	1920	5175	
17	57 512	5817	Maffei	1920	5176	
18	57 513	5818	Maffei	1920	5177	
19	57 514	5819	Maffei	1920	5178	
20	57 515	5820	Maffei	1920	5179	
21	57 516	5821	Maffei	1920	5280	
22	57 517	5822	Maffei	1920	5181	
23	57 518	5823	Maffei	1920	5182	
24	57 519	5824	Maffei	1920	5183	
25	57 520	5825	Maffei	1920	5184	
26	57 521	5826	Maffei	1920	5185	
27	57 522	5827	Maffei	1920	5186	
28	57 523	5828	Maffei	1920	5187	
29	57 524	5829	Maffei	1920	5188	
30	57 525	5830	Maffei	1920	5189	

Bild 86
$G\frac{5}{5}$ Nr. 5801. Vorne bayerisches Weichensignal (Archiv des Verkehrsmuseums Nürnberg)

unten:
Bild 87
$G\frac{5}{5}$ Nr. 5803
(Autor unbekannt)

Lfd. Nr.	Betriebs-Nummer neu	alt	geliefert durch	geliefert im Jahr	Fabrik-Nummer	Bemerkungen
31	57 526	5831	Maffei	1920	5190	
32	57 527	5832	Maffei	1920	5191	
33	57 528	5833	Maffei	1920	5192	
34	57 529	5834	Maffei	1920	5193	
35	57 530	5835	Maffei	1920	5194	
36	57 531	5836	Maffei	1920	5195	
37	57 532	5837	Maffei	1920	5196	
38	57 533	5838	Maffei	1920	5197	
39	57 534	5839	Maffei	1920	5198	
40	57 535	5840	Maffei	1920	5199	
41	57 536	5841	Maffei	1920	5200	
42	57 537	5842	Maffei	1920	5201	
43	57 538	5843	Maffei	1920	5202	
44	57 539	5844	Maffei	1920	5203	
45	57 540	5845	Maffei	1920	5204	
46	57 541	5846	Maffei	1920	5205	
47	57 542	5847	Maffei	1920	5206	
48	57 543	5848	Maffei	1920	5207	
49	57 544	5849	Maffei	1920	5208	
50	57 545	5850	Maffei	1920	5209	
51	57 546	5851	Maffei	1920	5210	
52	57 547	5852	Maffei	1920	5211	
53	57 548	5853	Maffei	1920	5212	
54	57 549	5854	Maffei	1920	5213	
55	57 550	5855	Maffei	1921	5214	

Bild 88 G$\frac{5}{5}$ Nr. 5822 (Krauß-Maffei-Werkfoto)

Bild 89
G$\frac{5}{5}$ Nr. 5824 bei der Endmontage in der Lokomotivfabrik J. A. Maffei, München, 1920 (Krauß-Maffei-Werkfoto)

Bild 90
G$\frac{5}{5}$ 57 560 in Nürnberg Rbf, 1937

Lfd. Nr.	Betriebs-Nummer neu	alt	geliefert durch	geliefert im Jahr	Fabrik-Nummer	Bemerkungen
56	57 551	5856	Maffei	1923	5479	
57	57 552	5857	Maffei	1923	5480	
58	57 553	5858	Maffei	1923	5481	
59	57 554	5859	Maffei	1923	5482	
60	57 555	5860	Maffei	1923	5483	
61	57 556	5861	Maffei	1923	5484	
62	57 557	5862	Maffei	1923	5485	
63	57 558	5863	Maffei	1923	5486	
64	57 559	5864	Maffei	1923	5487	
65	57 560	5865	Maffei	1923	5488	
66	57 561	5866	Maffei	1923	5489	
67	57 562	5867	Maffei	1923	5490	
68	57 563	5868	Maffei	1923	5491	
69	57 564	5869	Maffei	1923	5492	
70	57 565	5870	Maffei	1923	5493	
71	57 566	5871	Maffei	1923	5494	
72	57 567	5872	Maffei	1923	5495	
73	57 568	5873	Maffei	1923	5496	

Bild 91 **G$\frac{5}{5}$ Nr. 5876 mit Glanzblech-Kesselverkleidung (Fabrikbild)**

Bild 92
Im Führerstand der $G\frac{5}{5}$
(Krauß-Maffei-Werk-
foto)

Lfd. Nr.	Betriebs-Nummer neu	alt	geliefert durch	geliefert im Jahr	Fabrik-Nummer	Bemerkungen
74	57 569	5874	Maffei	1923	5497	
75	57 570	5875	Maffei	1923	5498	
76	57 571	5876	Maffei	1923	5499	
77	57 572	5877	Maffei	1923	5500	
78	57 573	5878	Maffei	1923	5501	
79	57 574	5879	Maffei	1923	5502	
80	57 575	5880	Maffei	1923	5503	

Neue Gattung **G 55.17**

Rostfläche 3,7 m²
Heizfläche (ohne Überhitzer) 188,7 m²
Dampfüberdruck 16 atü
Treibraddurchmesser 1270 mm
Höchstgeschwindigkeit 60 km/h

Triebwerksbez. E h4v; Tender 4 T 21,8
Wasservorrat 21,8 m³
Kohlevorrat 8 t
Dienstgewicht 84,4 t
Länge über Puffer (mit Tender) 19,974 m
Indizierte Leistung 1650 PS

Lfd. Nr.	Betriebs-Nummer neu	alt	geliefert durch	geliefert im Jahr	Fabrik-Nummer	Bemerkungen
81	57 576	5881	Maffei	1924	5559	
82	57 577	5882	Maffei	1924	5560	
83	57 578	5883	Maffei	1924	5561	
84	57 579	5884	Maffei	1924	5562	
85	57 580	5885	Maffei	1924	5563	
86	57 581	5886	Maffei	1924	5564	
87	57 582	5887	Maffei	1924	5565	
88	57 583	5888	Maffei	1924	5566	
89	57 584	5889	Maffei	1924	5567	
90	57 585	5890	Maffei	1924	5568	
91	57 586	5891	Maffei	1924	5569	
92	57 587	5892	Maffei	1924	5570	
93	57 588	5893	Maffei	1924	5571	
94	57 589	5894	Maffei	1924	5572	
95	57 590	5895	Maffei	1924	5573	

Die leichte Nahverkehrslok Pt $\frac{2}{3}$ (Baureihe 70°),

ein anspruchloser kleiner Läufer, mitunter auch auf den bayerischen Nebenbahnen anzutreffen.
Auffällig ist der große Abstand zwischen Laufachse und Treibachse, der Anlaß gab für den Spitznamen »Känguruh«.
Bilder 93–107.
Alle 97 Maschinen wurden von Krauß in den Jahren von 1909 bis 1916 geliefert.
Die Lokomotiven ab Betriebsnummer 70 092 erhielten größere Laufräder (Durchmesser 1006 statt bisher 850 mm).
1934 bis 1937 wurde die fest im Rahmen gelagerte Laufachse bei etwa 50 Lokomotiven durch eine »Bisselachse« mit seitlichem Ausschlag *ersetzt.*

1935 waren Pt $\frac{2}{3}$ stationiert in Ansbach, Augsburg, Freilassing, Ingolstadt, Landshut, Mühldorf, München Hbf, München Ost, Nördlingen, Nürnberg Hbf, Passau, Plattling, Regensburg, Rosenheim, Schwandorf, Straubing, Treuchtlingen und Weiden.
Die Ausmusterung begann 1950; als letzte schied die 70 083 im Juli 1963 beim Bw Ansbach aus dem Dienst.
In der Ebene erreichte die Pt $\frac{2}{3}$ ihre Höchstgeschwindigkeit (65 km/h) mit einem Personenzug von 375 t (= 13 Personenzugwagen); in einer Steigung von 5‰ brachte sie einen solchen Zug auf 30–35 km/h.

Bild 93
Pt $\frac{2}{3}$ 70 073 in Wicklesgreuth, Frühjahr 1957

Neue Gattung **Pt 23.14**
Rostfläche 1,22 m^2
Heizfläche (ohne Überhitzer) 57,94 m^2
Dampfüberdruck 12 atü
Treibraddurchmesser 1250 mm
Höchstgeschwindigkeit 65 km/h

Triebwerksbez. 1B h2
Wasservorrat 6 m^3
Kohlevorrat 1,1; 1,3 t
Dienstgewicht 39,6; 39,9 t
Länge über Puffer 9,165; 9,265 m
Indizierte Leistung 420 PS

Lfd. Nr.	Betriebs-Nummer neu	alt	geliefert durch	geliefert im Jahr	Fabrik-Nummer	Bemerkungen
1	70 001	6001	Krauß	1909	6204	
2	70 002	6002	Krauß	1909	6205	
3	70 003	6003	Krauß	1910	6268	
4	70 004	6004	Krauß	1910	6269	
5	70 005	6005	Krauß	1910	6270	
6	70 006	6006	Krauß	1910	6271	
7	70 007	6007	Krauß	1910	6272	
8	70 008	6008	Krauß	1910	6273	
9	70 009	6009	Krauß	1910	6274	
10	70 010	6010	Krauß	1910	6275	
11	70 011	6011	Krauß	1910	6276	
12	70 012	6012	Krauß	1910	6277	
13	70 013	6013	Krauß	1910	6278	

Bild 94
Pt$\frac{2}{3}$ 70 029 in Nürnberg Rbf, 1937

Bild 95
Pt$\frac{2}{3}$ 70 006 in Windsbach, Sommer 1961

Bild 96
Pt$\frac{2}{3}$ 70 002 in Kötzting, 1954. In dem Ausschnitt im Kohlenkasten war früher eine Tür, durch die der Führerstand vom Zug aus erreicht werden konnte

Lfd. Nr.	Betriebs-Nummer neu	alt	geliefert durch	geliefert im Jahr	Fabrik-Nummer	Bemerkungen
14	70 014	6014	Krauß	1910	6279	
15	70 015	6015	Krauß	1910	6280	
16	70 016	6016	Krauß	1910	6281	
17	70 017	6017	Krauß	1910	6282	
18	70 018	6018	Krauß	1910	6283	
19	70 019	6019	Krauß	1910	6284	
20	70 020	6020	Krauß	1910	6285	
21	70 021	6021	Krauß	1910	6286	
22	70 022	6022	Krauß	1910	6287	
23	70 023	6023	Krauß	1910	6288	
24	70 024	6024	Krauß	1910	6289	
25	70 025	6025	Krauß	1910	6290	
26	70 026	6026	Krauß	1910	6291	
27	70 027	6027	Krauß	1910	6292	
28	70 028	6028	Krauß	1910	6293	
29	70 029	6029	Krauß	1910	6294	
30	70 030	6030	Krauß	1910	6295	
31	70 031	6031	Krauß	1910	6296	
32	70 032	6032	Krauß	1910	6297	
33	70 033	6033	Krauß	1910	6298	
34	70 034	6034	Krauß	1910	6299	

Bild 97 Pt$\frac{2}{3}$ 70 040 in Reuth bei Erbendorf, Sommer 1950. Schöner Lokalbahnwagen

Bild 98
Pt$\frac{2}{3}$ 70 054 fährt
aus Kötzting aus,
Sommer 1959

Bild 99
Pt$\frac{2}{3}$ 70 054 fährt aus
Miltach aus,
Frühjahr 1959.
Unter der Pufferbohle
anschraubbarer
Schneepflug

Lfd. Nr.	Betriebs-Nummer neu	alt	geliefert durch	geliefert im Jahr	Fabrik-Nummer	Bemerkungen
35	70 035	6035	Krauß	1910	6300	
36	70 036	6036	Krauß	1910	6301	
37	70 037	6037	Krauß	1910	6302	
38	70 038	6038	Krauß	1910	6303	
39	70 039	6039	Krauß	1910	6304	
40	70 040	6040	Krauß	1910	6305	
41	70 041	6041	Krauß	1910	6306	
42	70 042	6042	Krauß	1910	6307	
43	70 043	6043	Krauß	1910	6308	
44	70 044	6044	Krauß	1910	6309	
45	70 045	6045	Krauß	1910	6310	
46	70 046	6046	Krauß	1910	6311	
47	70 047	6047	Krauß	1910	6312	
48	70 048	6048	Krauß	1912	6559	
49	70 049	6049	Krauß	1912	6560	
50	70 050	6050	Krauß	1912	6561	
51	70 051	6051	Krauß	1912	6562	
52	70 052	6052	Krauß	1912	6563	
53	70 053	6053	Krauß	1912	6564	

Bild 100
Pt$\frac{2}{3}$ 70 062 in Ansbach, Frühjahr 1949

Bild 101
Pt$\frac{2}{3}$ 70 083 auf der »Scheibe« in Ansbach, Sommer 1962. Rechts Baureihe 44

Bild 102
Pt$\frac{2}{3}$ 70 083, 70 006, 70 091 und 70 028 abgestellt in Ansbach, Frühjahr 1963

Lfd. Nr.	Betriebs-Nummer neu	alt	geliefert durch	geliefert im Jahr	Fabrik-Nummer	Bemerkungen
54	70 054	6054	Krauß	1912	6565	
55	70 055	6055	Krauß	1912	6566	
56	70 056	6056	Krauß	1912	6567	
57	70 057	6057	Krauß	1912	6568	
58	70 058	6058	Krauß	1912	6569	
59	70 059	6059	Krauß	1912	6570	
60	70 060	6060	Krauß	1912	6571	
61	70 061	6061	Krauß	1912	6572	
62	70 062	6062	Krauß	1912	6573	
63	70 063	6063	Krauß	1912	6574	
64	70 064	6064	Krauß	1912	6575	
65	70 065	6065	Krauß	1912	6576	
66	70 066	6066	Krauß	1912	6635	
67	70 067	6067	Krauß	1912	6636	
68	70 068	6068	Krauß	1912	6637	
69	70 069	6069	Krauß	1912	6638	
70	70 070	6070	Krauß	1912	6639	

Bild 103
Pt $\frac{2}{3}$ 70 083 verläßt Ansbach mit dem Abendzüglein nach Windsbach, Sommer 1962

Lfd. Nr.	Betriebs-Nummer neu	alt	geliefert durch	geliefert im Jahr	Fabrik-Nummer	Bemerkungen
71	70 071	6071	Krauß	1912	6640	
72	70 072	6072	Krauß	1912	6641	
73	70 073	6073	Krauß	1912	6642	
74	70 074	6074	Krauß	1912	6643	
75	70 075	6075	Krauß	1913	6644	
76	70 076	6076	Krauß	1913	6690	
77	70 077	6077	Krauß	1913	6691	
78	70 078	6078	Krauß	1913	6692	
79	70 079	6079	Krauß	1913	6693	
80	70 080	6080	Krauß	1913	6694	
81	70 081	6081	Krauß	1913	6695	
82	70 082	6082	Krauß	1913	6732	
83	70 083	6083	Krauß	1913	6733	
84	70 084	6084	Krauß	1913	6734	
85	70 085	6085	Krauß	1913	6735	
86	70 086	6086	Krauß	1913	6736	
87	70 087	6087	Krauß	1913	6737	

Bild 104
Pt$\frac{2}{3}$ 70 084, 70 060 und 70 025 abgestellt in Regensburg, Herbst 1962

Lfd. Nr.	Betriebs-Nummer neu	alt	geliefert durch	geliefert im Jahr	Fabrik-Nummer	Bemerkungen
88	70 088	6088	Krauß	1913	6738	
89	70 089	6089	Krauß	1913	6739	
90	70 090	6090	Krauß	1913	6740	
91	70 091	6091	Krauß	1913	6741	
92	70 092	6092	Krauß	1916	7020	
93	70 093	6093	Krauß	1916	7021	
94	70 094	6094	Krauß	1916	7022	
95	70 095	6095	Krauß	1916	7023	
96	70 096	6096	Krauß	1916	7024	
97	70 097	6097	Krauß	1916	7025	

Bild 105
Pt $\frac{2}{3}$ 70 049 und 70 085 in Ansbach, Frühjahr 1957

Bild 106
Pt$\frac{2}{3}$ 70 091 in Ansbach, Sommer 1962.
Links eine weitere Pt$\frac{2}{3}$, rechts R$\frac{3}{3}$

Bild 107
Pt$\frac{2}{3}$ 70 093 mit dem Lokalbahnzug nach Bechhofen, Frühjahr 1957

Die Personenzugtenderlok D XII / Pt $\frac{2}{5}$ N (Baureihe 73$^{0-1}$),

die Nahverkehrslok von der Jahrhundertwende bis in die 1930er Jahre.
Auffälliges Kennzeichen: Die D XII hat das Röhrchen für den Abdampf der Luftpumpe *vor* dem Schlot.
Die 1907 in Dienst gestellten Lokomotiven erhielten die inzwischen eingeführte neue Bezeichnung Pt$\frac{2}{5}$N.
Bilder 108–115.
Alle 105 Maschinen wurden von Krauß in den Jahren von 1897 bis 1907 geliefert.
Die Ausmusterung begann 1926.
1935 waren nur im Bezirk der Reichsbahndirektion Nürnberg noch einige D XII stationiert und zwar in Aschaffenburg, Bamberg, Gemünden (Main) und Nürnberg Hbf. Als letzte schieden die 73 067 und die 73 076 im Jahre 1938 aus.
In der Ebene erreichte die D XII mit einem Personenzug von 140 t (= 5 Wagen) 80 km/h; in einer Steigung von 5‰ brachte sie einen solchen Zug auf 60 km/h.

Bild 108
Skizze der D XII (Fabrikbild)

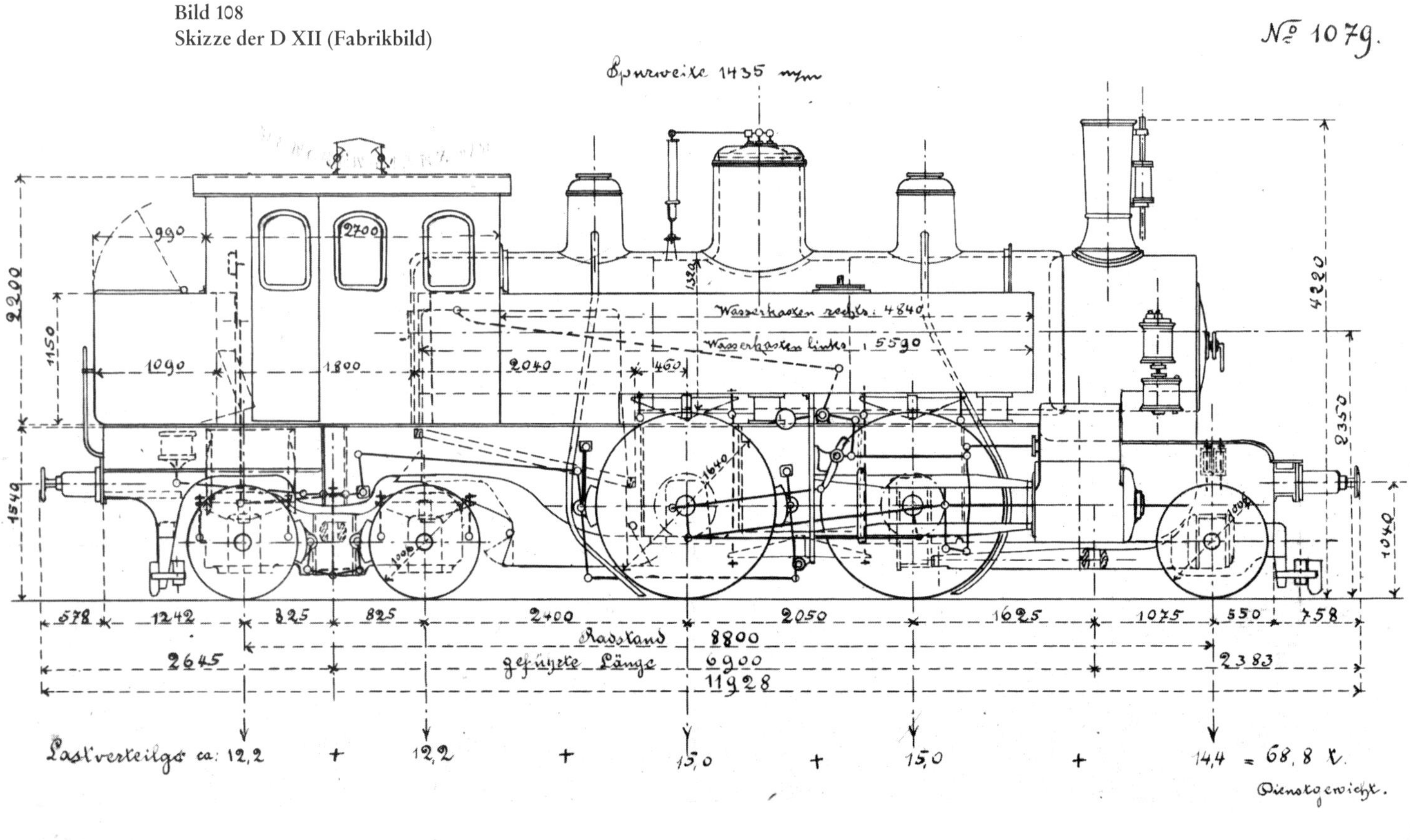

Alte Gattung **D XII**; neue Gattung **Pt 25.15**
Rostfläche 1,96 m²
Heizfläche 104,63 m²
Dampfüberdruck 13; 12 atü
Treibraddurchmesser 1640 mm
Höchstgeschwindigkeit 90 km/h

Triebwerksbez. 1B2 n2
Wasservorrat 8,9; 9,1 m³
Kohlevorrat 2,3; 3,2 t
Dienstgewicht 67,8; 68,8 t
Länge über Puffer 11,850 m
Indizierte Leistung 530 PS

Lfd. Nr.	Betriebs-Nummer neu	alt	geliefert durch	geliefert im Jahr	Fabrik-Nummer	Bemerkungen
1	73 031	2201	Krauß	1897	3500	
2	73 032	2202	Krauß	1897	3501	
3	73 033	2203	Krauß	1897	3502	
4	73 034	2204	Krauß	1897	3503	
5	73 035	2205	Krauß	1897	3504	
6	73 036	2206	Krauß	1897	3505	
7	73 037	2207	Krauß	1897	3506	
8	73 038	2208	Krauß	1897	3507	
9	73 039	2209	Krauß	1897	3508	
10	73 040	2210	Krauß	1897	3509	
11	73 041	2211	Krauß	1897	3510	
12	73 042	2212	Krauß	1898	3846	
13	73 043	2213	Krauß	1898	3847	
14	73 044	2214	Krauß	1898	3848	
15	73 045	2215	Krauß	1898	3849	
16	73 046	2216	Krauß	1898	3850	
17	73 047	2217	Krauß	1898	3851	
18	73 048	2218	Krauß	1898	3852	
19	73 049	2219	Krauß	1898	3853	
20	73 050	2220	Krauß	1898	3854	
21	73 051	2221	Krauß	1898	3855	
22	73 052	2222	Krauß	1898	3856	
23	73 053	2223	Krauß	1898	3857	
24	73 054	2224	Krauß	1898	3858	
25	73 055	2225	Krauß	1898	3859	
26	73 056	2226	Krauß	1899	3860	
27	73 057	2227	Krauß	1899	3861	
28	73 058	2228	Krauß	1899	3862	
29	73 059	2229	Krauß	1899	3863	
30	73 060	2230	Krauß	1899	3864	
31	73 061	2231	Krauß	1899	3865	
32	73 062	2232	Krauß	1899	3910	
33	73 063	2233	Krauß	1899	3911	
34	73 064	2234	Krauß	1899	3912	

Lfd. Nr.	Betriebs-Nummer neu	alt	geliefert durch	geliefert im Jahr	Fabrik-Nummer	Bemerkungen
35	73 065	2235	Krauß	1899	3913	
36	73 066	2236	Krauß	1899	3914	
37	73 067	2237	Krauß	1899	3915	
38	73 068	2238	Krauß	1900	4315	
39	73 069	2239	Krauß	1900	4316	
40	–	2240	Krauß	1900	4317	1921 an Saarbahn
41	73 070	2241	Krauß	1900	4318	
42	73 071	2242	Krauß	1900	4319	
43	73 072	2243	Krauß	1900	4320	
44	73 073	2244	Krauß	1900	4321	
45	73 074	2245	Krauß	1900	4322	
46	73 075	2246	Krauß	1900	4323	
47	73 076	2247	Krauß	1900	4324	
48	73 077	2248	Krauß	1900	4325	
49	73 078	2249	Krauß	1900	4326	
50	73 079	2250	Krauß	1900	4327	
51	73 080	2251	Krauß	1900	4328	
52	–	2252	Krauß	1900	4329	1921 an Saarbahn
53	73 081	2253	Krauß	1900	4330	

Bild 110
D XII 73 076 in Nürnberg Hbf, 1935

Bild 109
D XII Nr. 2201
(Archiv des Verkehrs-
museums Nürnberg)

Bild 111
D XII 73 076 mit Geräte-
zug in Nürnberg Hbf
1935

Lfd. Nr.	Betriebs-Nummer neu	alt	geliefert durch	geliefert im Jahr	Fabrik-Nummer	Bemerkungen
54	73 082	2254	Krauß	1900	4331	
55	73 083	2255	Krauß	1900	4332	
56	73 084	2256	Krauß	1900	4333	
57	73 085	2257	Krauß	1900	4334	
58	73 086	2258	Krauß	1900	4335	
59	73 087	2259	Krauß	1900	4336	
60	73 088	2260	Krauß	1900	4337	
61	73 089	2261	Krauß	1900	4338	
62	73 090	2262	Krauß	1900	4339	
63	73 091	2263	Krauß	1900	4340	
64	73 092	2264	Krauß	1901	4465	
65	73 093	2265	Krauß	1901	4466	
66	73 094	2266	Krauß	1901	4467	
67	73 095	2267	Krauß	1901	4468	
68	73 096	2268	Krauß	1901	4469	
69	73 097	2269	Krauß	1901	4470	
70	73 098	2270	Krauß	1901	4471	

Bild 112
DXII 73 076 abgestellt in Steinach b. R. o. T., Frühjahr 1949

Bild 113
D XII 73 076 in Fürth (Bay) Hbf, 1935

Bild 114
D XII 73 100 beim Wassernehmen in Behringersmühle, 1935

Lfd. Nr.	Betriebs-Nummer neu	alt	geliefert durch	geliefert im Jahr	Fabrik-Nummer	Bemerkungen
71	73 099	2271	Krauß	1901	4472	
72	73 100	2272	Krauß	1901	4473	
73	73 101	2273	Krauß	1901	4474	
74	73 102	2274	Krauß	1901	4475	
75	73 103	2275	Krauß	1901	4476	
76	73 104	2276	Krauß	1901	4477	
77	73 105	2277	Krauß	1901	4478	
78	73 106	2278	Krauß	1901	4479	
79	73 107	2279	Krauß	1901	4480	
80	73 108	2280	Krauß	1901	4481	
81	73 109	2281	Krauß	1901	4482	
82	73 110	2282	Krauß	1901	4401	
83	73 111	2283	Krauß	1903	4957	
84	73 112	2284	Krauß	1903	4958	
85	73 113	2285	Krauß	1904	4959	
86	73 114	2286	Krauß	1904	4960	
87	73 115	2287	Krauß	1904	4961	
88	73 116	2288	Krauß	1904	4962	
89	73 117	2289	Krauß	1904	4963	
90	73 118	2290	Krauß	1904	4964	
91	73 119	2291	Krauß	1904	4965	
92	73 120	2292	Krauß	1904	4966	
93	73 121	2293	Krauß	1904	4967	
94	73 122	2294	Krauß	1904	4968	
95	73 123	2295	Krauß	1904	4969	
96	73 124	2296	Krauß	1904	4970	

Alte Gattung **Pt $\frac{2}{5}$ N**; neue Gattung **Pt 25.15** — Triebwerksbez. 1B2 n2

Rostfläche 1,96 m²
Heizfläche 104,63 m²
Dampfüberdruck 12 atü
Treibraddurchmesser 1640 mm
Höchstgeschwindigkeit 90 km/h

Wasservorrat 9,1 m³
Kohlevorrat 3,2 t
Dienstgewicht 68,8 t
Länge über Puffer 11,938 m
Indizierte Leistung 530 PS

Lfd. Nr.	Betriebs-Nummer neu	alt	geliefert durch	geliefert im Jahr	Fabrik-Nummer	Bemerkungen
1	73 131	5202	Krauß	1907	5628	
2	73 132	5203	Krauß	1907	5629	

Lfd. Nr.	Betriebs-Nummer neu	alt	geliefert durch	geliefert im Jahr	Fabrik-Nummer	Bemerkungen
3	73 133	5204	Krauß	1907	5630	
4	73 134	5205	Krauß	1907	5631	
5	73 135	5206	Krauß	1907	5632	
6	73 136	5207	Krauß	1907	5633	
7	73 137	5208	Krauß	1907	5634	
8	73 138	5209	Krauß	1907	5635	
9	73 139	5210	Krauß	1907	5636	

Bild 115
D XII im romantischen Wiesenttal (Fränkische Schweiz), Strecke Forchheim – Behringersmühle, 1935

Die Personenzugtenderlok $Pt\frac{3}{6}$ (Baureihe 77^1),

eine Nahverkehrslok für den südbayerischen Raum. Sie hat schrägliegende Zylinder.
Bilder 116–123.
Krauß hatte 1908 und 1911–1913 schon 21 Lokomotiven dieses Typs für die Pfalzbahnen gebaut (pfälzische P 5 / $Pt\frac{3}{6}$); 1922/23 wurden weitere 20 Maschinen geliefert, 10 davon kamen 1927 in das pfälzische Netz, die anderen 10 blieben beim Bw München Hbf.

Die Ausmusterung begann 1946; die letzte $Pt\frac{3}{6}$, die 77 122 schied im Juni 1954 bei der Bundesbahndirektion Mainz aus dem Dienst.

In der Ebene erreichte die $Pt\frac{3}{6}$ ihre Höchstgeschwindigkeit (90 km/h) mit einem Personenzug von 260 t (= 9–10 Personenzugwagen); in einer Steigung von 5‰ brachte sie einen solchen Zug auf 65 km/h.

Bild 116
$Pt\frac{3}{6}$ aus der ersten Lieferung für das pfälzische Netz der K. B. St. B. (P 5) 77 001 (Krauß-Maffei-Werkfoto)

Bild 117 Pt$^{3}_{6}$ aus der zweiten Lieferung für das pfälzische Netz der K. B. St. B. (spätere 77 104) (Autor unbekannt)

Bild 118 Pt$^{3}_{6}$ Fabriknummer 6500 (spätere Betriebsnummer 77104) als Objekt der Internationalen Ausstellung in Turin, 1911 (Krauß-Maffei-Werkfoto)

Neue Gattung **Pt 36.16**
Rostfläche 2,34 m^2
Heizfläche (ohne Überhitzer) 110,32 m^2
Dampfüberdruck 13 atü
Treibraddurchmesser 1500 mm
Höchstgeschwindigkeit 90 km/h

Triebwerksbez. 1C2 h2
Wasservorrat 13,7 m^3
Kohlevorrat 4,8 t
Dienstgewicht 94,4 t
Länge über Puffer 13,460 m
Indizierte Leistung 880 PS

Lfd. Nr.	Betriebs-Nummer neu	alt	geliefert durch	geliefert im Jahr	Fabrik-Nummer	Bemerkungen
1	77 110	6101	Krauß	1923	7991	
2	77 111	6102	Krauß	1923	7992	
3	77 112	6103	Krauß	1923	7993	
4	77 113	6104	Krauß	1923	7994	
5	77 114	6105	Krauß	1923	7995	
6	77 115	6106	Krauß	1923	7996	
7	77 116	6107	Krauß	1923	7997	
8	77 117	6108	Krauß	1923	7998	
9	77 118	6109	Krauß	1923	7999	
10	77 119	6110	Krauß	1923	8000	

Bild 119
Pt $\frac{3}{6}$ 77 113 bei Schliersee (H. Scharold)

Bild 120
Pt$\frac{3}{6}$ Nr. 6105 (Archiv des Verkehrsmuseums Nürnberg)

Bild 121
Pt$\frac{3}{6}$ Nr. 6105
(Krauß-Maffei-Werkfoto)

Bild 122
Pt$^{3}_{6}$ mit Versuchszug in 30‰ Steigung bei Murnau, 1925 (Archiv des Verkehrsmuseums Nürnberg)

Bild 123
Pt$^{3}_{6}$ mit der pfälzischen Betriebsnummer 404, gehörte jedoch von der Lieferung im Jahre 1923 bis 1927 zum Bw München Hbf – in Planegg, 1924 (Krauß-Maffei-Werkfoto)

Die Rangierlok D II/R$\frac{3}{3}$ (Baureihe 89$^{6-8}$),

die brave, überall anzutreffende und immer dienstbereite robuste Rangiermaschine.
Die ab 1906 in Dienst gestellten Lokomotiven erhielten die inzwischen eingeführte neue Bezeichnung R$\frac{3}{3}$.
Bilder 124–138.
Von den 181 Maschinen lieferte Krauß von 1898 bis 1923 146 Stück und Maffei von 1900 bis 1902 35 Stück.
Vier D II / R$\frac{3}{3}$ mußten 1919 an Polen abgegeben werden.
Stationierungen 1935 bei den Bahnbetriebswerken Augsburg, Bamberg, Bayreuth, Buchloe, Eger, Freilassing, Hof, Ingolstadt, Kirchenlaibach, Landshut, Mühldorf, München Hbf, München Ost, Neuenmarkt-Wirsberg, Neu Ulm, Nördlingen, Nürnberg Hbf, Nürnberg Rbf, Passau, Plattling, Regensburg, Rosenheim, Schwandorf, Treuchtlingen, Weiden und Würzburg.
Die Ausmusterung begann 1943; als letzte schieden die 89 801 und die 89 883 im Dezember 1964 bei der Bundesbahndirektion Regensburg aus.
In einer Steigung von 5‰ konnte diese Maschine 280 t mit 40 km/h befördern.

Bild 124 D II 89 638 in Bayreuth Hbf, Sommer 1948 – vor der Abfahrt des Übergabezuges

Alte Gattung **D II** (II. Bes.); Neue Gattung **Gt 33.15** Triebwerksbez. C n2

Rostfläche 1,61 m^2
Heizfläche 89,5; 88,6 m^2
Dampfüberdruck 12 atü
Treibraddurchmesser 1216 mm
Höchstgeschwindigkeit 45 km/h

Wasservorrat 5 m^3
Kohlevorrat 1,2 t
Dienstgewicht 44,8 t
Länge über Puffer 9,413 m
Indizierte Leistung 430 PS

Lfd. Nr.	Betriebs-Nummer neu	alt	geliefert durch	geliefert im Jahr	Fabrik-Nummer	Bemerkungen
1	89 601	2400	Krauß	1898	3599	
2	89 602	2401	Krauß	1898	3600	
3	89 603	2402	Krauß	1898	3601	
4	89 604	2403	Krauß	1898	3602	
5	89 605	2404	Krauß	1898	3603	
6	89 606	2405	Krauß	1898	3604	
7	89 607	2406	Krauß	1898	3605	
8	89 608	2407	Krauß	1898	3606	
9	89 609	2408	Krauß	1898	3607	
10	89 610	2409	Krauß	1898	3608	
11	89 611	2410	Krauß	1898	3609	

Bild 125
D II 89 638 in Bayreuth Altstadt, Herbst 1948. Damit ein größerer Kohlevorrat untergebracht werden kann, ist über dem Wasserkasten ein zusätzliches Blech angebracht

Bild 126
D II 89 638 bei
Kreuzstein, 1946

Bild 127
D II 89 656 in Fürth
(Bay) Hbf, 1935

Lfd. Nr.	Betriebs-Nummer neu	alt	geliefert durch	geliefert im Jahr	Fabrik-Nummer	Bemerkungen
12	89 612	2411	Krauß	1898	3610	
13	89 613	2412	Krauß	1898	3611	
14	89 614	2413	Krauß	1898	3612	
15	89 615	2414	Krauß	1898	3613	
16	89 616	2415	Krauß	1898	3614	
17	89 617	2416	Krauß	1898	3615	
18	–	2417	Krauß	1898	3616	1919 an Polen
19	89 618	2418	Krauß	1898	3617	
20	89 619	2419	Krauß	1898	3618	
21	89 620	2420	Maffei	1900	2122	
22	89 621	2421	Maffei	1900	2123	
23	89 622	2422	Maffei	1900	2124	
24	89 623	2423	Maffei	1900	2125	
25	89 624	2424	Maffei	1900	2126	
26	–	2425	Maffei	1900	2127	1919 an Polen
27	89 625	2426	Maffei	1900	2128	
28	89 626	2427	Maffei	1900	2129	

Bild 128
R$\frac{3}{3}$ 89 704 und 89 712 in Bayreuth Hbf, Sommer 1949. Bei der 89 704 ist der Schlot schon leicht beschädigt; aus dem Führerhaus hängt der Spritzschlauch zum Nässen der Kohlen

Lfd. Nr.	Betriebs-Nummer neu	alt	geliefert durch	geliefert im Jahr	Fabrik-Nummer	Bemerkungen
29	89 627	2429	Maffei	1900	2131	
30	89 628	2430	Maffei	1900	2132	
31	89 629	2432	Maffei	1900	2134	
32	89 630	2434	Maffei	1900	2136	
33	89 631	2435	Maffei	1900	2137	
34	89 632	2428	Maffei	1900	2138	
35	89 633	2431	Maffei	1900	2139	
36	89 634	2433	Maffei	1901	2142	
37	89 635	2436	Maffei	1901	2143	
38	89 636	2437	Maffei	1901	2144	
39	89 637	2438	Maffei	1901	2145	
40	89 638	2439	Maffei	1901	2146	
41	89 639	2440	Maffei	1901	2230	
42	89 640	2441	Maffei	1901	2231	
43	89 641	2442	Maffei	1901	2232	
44	89 642	2443	Maffei	1901	2233	
45	89 643	2444	Maffei	1901	2234	

Bild 129
R^{3}_{3} 89 826 rangiert in Ansbach, Sommer 1962

Lfd. Nr.	Betriebs-Nummer neu	alt	geliefert durch	geliefert im Jahr	Fabrik-Nummer	Bemerkungen
46	89 644	2445	Krauß	1902	4742	
47	89 645	2446	Krauß	1902	4743	
48	89 646	2447	Krauß	1902	4744	
49	89 647	2448	Krauß	1902	4745	
50	89 648	2449	Krauß	1902	4746	
51	89 649	2450	Krauß	1902	4747	
52	89 650	2451	Krauß	1902	4748	
53	89 651	2452	Krauß	1902	4749	
54	89 652	2453	Krauß	1902	4750	
55	89 653	2454	Krauß	1902	4751	
56	89 654	2455	Maffei	1902	2272	
57	89 655	2456	Maffei	1902	2273	
58	89 656	2457	Maffei	1902	2274	
59	89 657	2458	Maffei	1902	2275	
60	89 658	2459	Maffei	1902	2276	
61	89 659	2460	Maffei	1902	2277	
62	–	2461	Maffei	1902	2278	1919 an Polen

x nördl von Kitz
DB Atlas S 107

Bild 130 X

$R\frac{3}{3}$ 89 832 in Dettelbach Bahnhof, Sommer 1958. Wenn die Reisenden ein-, aus- und umgestiegen sind, wird sie auf ihren Zug (nach Dettelbach Stadt) fahren

Lfd. Nr.	Betriebs-Nummer neu	alt	geliefert durch	geliefert im Jahr	Fabrik-Nummer	Bemerkungen
63	89 660	2462	Maffei	1902	2279	
64	89 661	2463	Maffei	1902	2280	
65	89 662	2464	Maffei	1902	2281	
66	89 663	2465	Krauß	1904	5135	
67	89 664	2466	Krauß	1904	5136	
68	89 665	2467	Krauß	1904	5137	
69	89 666	2468	Krauß	1904	5138	
70	89 667	2469	Krauß	1904	5139	
71	89 668	2470	Krauß	1904	5140	
72	89 669	2471	Krauß	1904	5141	
73	89 670	2472	Krauß	1904	5142	

Alte Gattung **R $\frac{3}{3}$**; Neue Gattung **Gt 33.15**

Triebwerksbez. C n2

Rostfläche 1,61 m²
Heizfläche 88,6 m²
Dampfüberdruck 12 atü
Treibraddurchmesser 1216 mm
Höchstgeschwindigkeit 45 km/h

Wasservorrat 5 m³
Kohlevorrat 1,2 t
Dienstgewicht 44,8; 45,3 t
Länge über Puffer 9,410 m
Indizierte Leistung 430 PS

Lfd. Nr.	Betriebs-Nummer neu	alt	geliefert durch	geliefert im Jahr	Fabrik-Nummer	Bemerkungen
1	89 701	2473	Krauß	1906	5455	
2	89 702	2474	Krauß	1906	5456	
3	89 703	2475	Krauß	1906	5457	
4	89 704	2476	Krauß	1906	5458	
5	89 705	2477	Krauß	1906	5459	
6	89 706	2478	Krauß	1906	5460	
7	89 707	2479	Krauß	1906	5461	
8	89 708	2480	Krauß	1907	5462	
9	89 709	2481	Krauß	1907	5463	
10	89 710	2482	Krauß	1907	5464	
11	–	2483	Krauß	1907	5465	1919 an Polen
12	89 711	2484	Krauß	1907	5466	
13	89 712	2485	Krauß	1907	5467	
14	89 713	2486	Krauß	1907	5468	
15	89 714	2487	Krauß	1907	5469	
16	89 715	2488	Krauß	1913	6837	
17	89 716	2489	Krauß	1913	6838	
18	89 717	2490	Krauß	1913	6839	

Alte Gattung **R $\frac{3}{3}$**; neue Gattung **Gt 33.16**

Rostfläche 1,61 m^2	Triebwerksbez. C n2
Heizfläche 88,6 m^2	Wasservorrat 5 m^3
Dampfüberdruck 12 atü	Kohlevorrat 1,1 t
Treibraddurchmesser 1216 mm	Dienstgewicht 47,6 t
Höchstgeschwindigkeit 45 km/h	Länge über Puffer 9,974 m
	Indizierte Leistung 430 PS

Lfd. Nr.	Betriebs-Nummer neu	alt	geliefert durch	geliefert im Jahr	Fabrik-Nummer	Bemerkungen
19	89 801	4701	Krauß	1921	7851	
20	89 802	4702	Krauß	1921	7852	
21	89 803	4703	Krauß	1921	7853	
22	89 804	4704	Krauß	1921	7854	
23	89 805	4705	Krauß	1921	7855	
24	89 806	4706	Krauß	1921	7856	
25	89 807	4707	Krauß	1921	7857	
26	89 808	4708	Krauß	1921	7858	
27	89 809	4709	Krauß	1921	7859	
28	89 810	4710	Krauß	1921	7860	
29	89 811	4711	Krauß	1921	7861	
30	89 812	4712	Krauß	1921	7862	

Bild 131
So streifte sie durch die Dettelbacher Weinberge, die R $\frac{3}{3}$ 89 832 (Sommer 1958)

Bild 132
Halt in Biebergau.
Damit an den unbeschrankten Bahnübergängen vorschriftsmäßig geläutet werden kann, hat man der R^3_3 89 832 eine Handglocke mitgegeben (Sommer 1958)

Lfd. Nr.	Betriebs-Nummer neu	alt	geliefert durch	geliefert im Jahr	Fabrik-Nummer	Bemerkungen
31	89 813	4713	Krauß	1921	7863	
32	89 814	4714	Krauß	1921	7864	
33	89 815	4715	Krauß	1921	7865	
34	89 816	4716	Krauß	1921	7866	
35	89 817	4717	Krauß	1921	7867	
36	89 818	4718	Krauß	1921	7868	
37	89 819	4719	Krauß	1921	7869	
38	89 820	4720	Krauß	1921	7870	
39	89 821	4721	Krauß	1921	7871	
40	89 822	4722	Krauß	1921	7872	
41	89 823	4723	Krauß	1922	7873	
42	89 824	4724	Krauß	1922	7874	
43	89 825	4725	Krauß	1922	7875	
44	89 826	4726	Krauß	1922	7876	
45	89 827	4727	Krauß	1922	7877	
46	89 828	4728	Krauß	1922	7878	
47	89 829	4729	Krauß	1922	7879	
48	89 830	4730	Krauß	1922	7880	
49	89 831	4731	Krauß	1921	7911	
50	89 832	4732	Krauß	1921	7912	
51	89 833	4733	Krauß	1921	7913	
52	89 834	4734	Krauß	1921	7914	
53	89 835	4735	Krauß	1921	7915	
54	89 836	4736	Krauß	1921	7916	
55	89 837	4737	Krauß	1921	7917	
56	89 838	4738	Krauß	1921	7918	
57	89 839	4739	Krauß	1921	7919	
58	89 840	4740	Krauß	1921	7920	
59	89 841	4741	Krauß	1921	7921	
60	89 842	4742	Krauß	1921	7922	
61	89 843	4743	Krauß	1921	7923	
62	89 844	4744	Krauß	1922	7924	
63	89 845	4745	Krauß	1922	7925	
64	89 846	4746	Krauß	1922	7926	
65	89 847	4747	Krauß	1922	7927	
66	89 848	4748	Krauß	1922	7928	
67	89 849	4749	Krauß	1922	7929	
68	89 850	4750	Krauß	1922	7930	

Bild 133
R$\frac{3}{3}$ 89 853 als Rangierlok in Nürnberg Ost, Frühjahr 1957 (Blick aus dem Fenster des Personenzugs nach Bayreuth)

unten:
Bild 134
Von rechts nach links: R$\frac{3}{3}$ 89 832, 89 861, 89 826 und Pt$\frac{2}{3}$ 70 023 abgestellt in Ansbach, Frühjahr 1963

Lfd. Nr.	Betriebs-Nummer neu	alt	geliefert durch	geliefert im Jahr	Fabrik-Nummer	Bemerkungen
69	89 851	4751	Krauß	1922	7931	
70	89 852	4752	Krauß	1922	7932	
71	89 853	4753	Krauß	1922	7933	
72	89 854	4754	Krauß	1922	7934	
73	89 855	4755	Krauß	1922	7935	
74	89 856	4756	Krauß	1922	7936	
75	89 857	4757	Krauß	1922	7937	
76	89 858	4758	Krauß	1922	7938	
77	89 859	4759	Krauß	1922	7939	
78	89 860	4760	Krauß	1922	7940	
79	89 861	4761	Krauß	1922	7941	
80	89 862	4762	Krauß	1922	7942	
81	89 863	4763	Krauß	1922	7943	
82	89 864	4764	Krauß	1922	7944	
83	89 865	4765	Krauß	1922	7945	
84	89 866	4766	Krauß	1922	7946	
85	89 867	4767	Krauß	1922	7947	
86	89 868	4768	Krauß	1922	7948	
87	89 869	4769	Krauß	1922	7949	
88	89 870	4770	Krauß	1922	7950	
89	89 871	4771	Krauß	1922	7951	
90	89 872	4772	Krauß	1922	7952	
91	89 873	4773	Krauß	1922	7953	
92	89 874	4774	Krauß	1922	7954	
93	89 875	4775	Krauß	1922	7955	
94	89 876	4776	Krauß	1922	7956	
95	89 877	4777	Krauß	1922	7957	
96	89 878	4778	Krauß	1922	7958	
97	89 879	4779	Krauß	1922	7959	
98	89 880	4780	Krauß	1922	7960	
99	89 881	4781	Krauß	1922	7961	
100	89 882	4782	Krauß	1922	7962	
101	89 883	4783	Krauß	1922	7963	
102	89 884	4784	Krauß	1922	7964	
103	89 885	4785	Krauß	1922	7965	
104	89 886	4786	Krauß	1922	7966	
105	89 887	4787	Krauß	1922	7967	
106	89 888	4788	Krauß	1923	7968	
107	89 889	4789	Krauß	1923	7969	
108	89 890	4790	Krauß	1923	7970	

Bild 135
R^3_3 89 874, überzogen von Rauhreif, in Bayreuth Hbf, Winter 1955/56. Links und rechts Baureihe 64

unten:

Bild 136
R^3_3 89 880 rangiert in Würzburg Hbf, Herbst 1959

Bild 137
R$^{3}_{3}$ 89 880 und 89 890
abgestellt in Irrenlohe,
Sommer 1961

Bild 138
Vier R$^{3}_{3}$ abfahrbereit zur
Verschrottung, Hof Hbf,
Sommer 1959

Die Rangierlok $R\frac{4}{4}$ (Baureihe 92^{20})

für die großen Personenbahnhöfe.
Dampfdom und Sanddom sind vereinigt, ab Betriebsnummer 92 2041 jedoch getrennt angeordnet; die Maschine hat preußische Gesichtszüge.
Bilder 139–146.
Krauß hatte 1914/15 schon 9 Lok dieses Typs für die Pfalzbahnen gebaut.
1918 bis 1925 lieferte er weitere 42 Maschinen für die K.B.St.B. bzw. für die Deutsche Reichsbahn-Gesellschaft.
1935 waren $R\frac{4}{4}$ stationiert in Augsburg, München Hbf, Nürnberg Hbf und Regensburg.
Die Ausmusterung begann 1946 und endete im Januar 1962 mit der 92 2024 des Bahnhofs Nürnberg Hbf.
In der Ebene (= Rangierdienst im Bahnhof) konnte sie 1000 t schleppen; in einer Steigung von 5‰ erreichte sie ihre Höchstgeschwindigkeit (45 km/h) noch mit 240 t.

Bild 139
$R\frac{4}{4}$ 92 2007, szt. geliefert für das pfälzische Netz der K. B. St. B. in Gesellschaft von $G\frac{3}{4}$ H in München Hbf, Frühjahr 1960. Links bayerisches Weichensignal (»Z-Scheibe«)

Neue Gattung **Gt 44.16**

Rostfläche 2,02 m^2
Heizfläche 123,64 m^2
Dampfüberdruck 12 atü
Treibraddurchmesser 1216 mm
Höchstgeschwindigkeit 45 km/h

Triebwerksbez. D n2
Wasservorrat 7,6 m^3
Kohlevorrat 1,95; 1,75 t
Dienstgewicht 66,9 t
Länge über Puffer 11,042; 10,840 m
Indizierte Leistung 570 PS

Lfd. Nr.	Betriebs-Nummer neu	alt	geliefert durch	geliefert im Jahr	Fabrik-Nummer	Bemerkungen
1	92 2008	4151	Krauß	1918	7407	
2	92 2009	4152	Krauß	1918	7408	
3	92 2010	4153	Krauß	1918	7409	
4	92 2011	4154	Krauß	1918	7410	
5	92 2012	4155	Krauß	1918	7411	
6	92 2013	4156	Krauß	1918	7412	
7	92 2014	4157	Krauß	1918	7413	
8	92 2015	4158	Krauß	1918	7414	
9	92 2016	4159	Krauß	1918	7415	
10	92 2017	4160	Krauß	1918	7416	
11	92 2018	4161	Krauß	1918	7417	
12	92 2019	4162	Krauß	1918	7418	

Bild 140
R$\frac{4}{4}$ 92 2010 mit Arbeitszug in Nürnberg-Dutzendteich, Frühjahr 1958

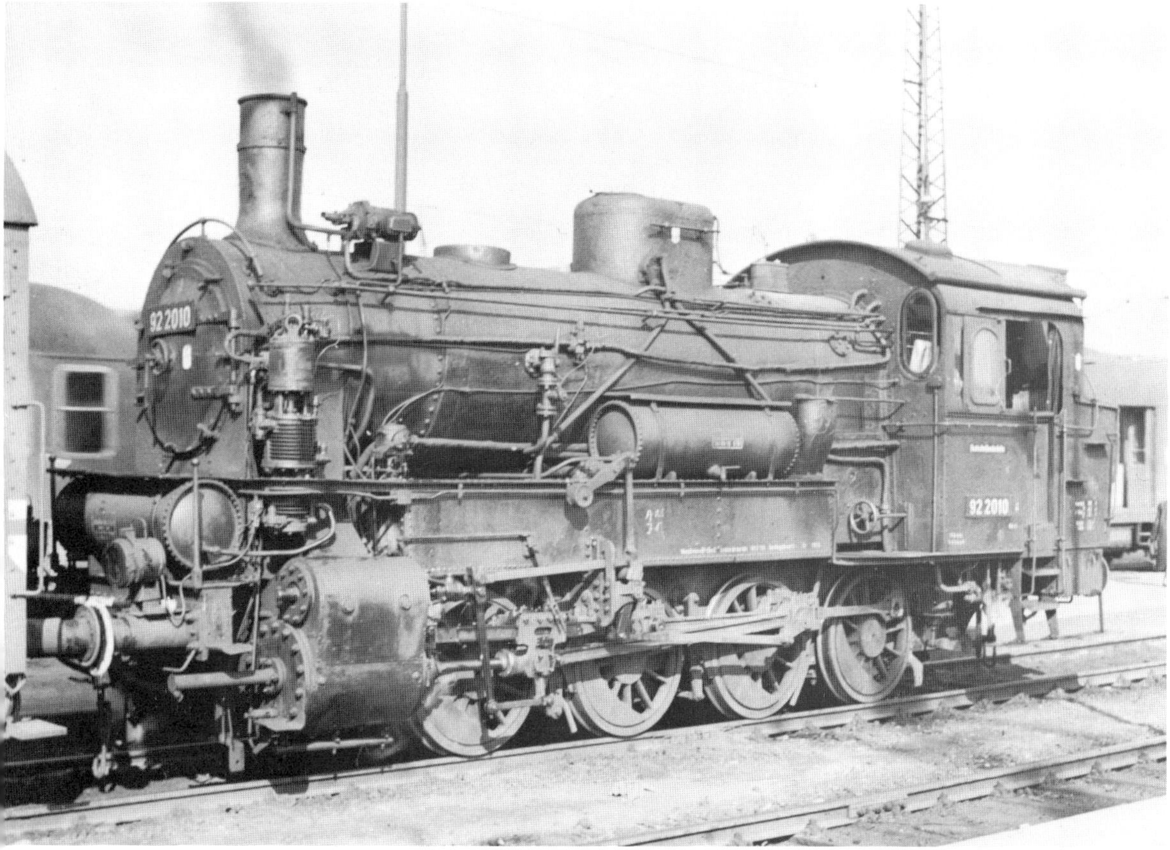

Bild 141
R$\frac{4}{4}$ 92 2010 rangiert
in Nürnberg Hbf,
Frühjahr 1957

Bild 142
R$\frac{4}{4}$ 92 2010 als Rangier-
lok 3 in Nürnberg Hbf,
Frühjahr 1957

Lfd. Nr.	Betriebs-Nummer neu	alt	geliefert durch	geliefert im Jahr	Fabrik-Nummer	Bemerkungen
13	92 2020	4163	Krauß	1918	7419	
14	92 2021	4164	Krauß	1919	7420	
15	92 2022	4165	Krauß	1919	7421	
16	92 2023	4166	Krauß	1919	7422	
17	92 2024	4167	Krauß	1919	7423	
18	92 2025	4168	Krauß	1919	7424	
19	92 2026	4169	Krauß	1919	7425	
20	92 2027	4170	Krauß	1919	7426	
21	92 2028	4171	Krauß	1919	7427	
22	92 2029	4172	Krauß	1919	7428	
23	92 2030	4173	Krauß	1919	7429	
24	92 2031	4174	Krauß	1919	7430	
25	92 2032	4175	Krauß	1919	7431	
26	92 2033	4176	Krauß	1919	7432	
27	92 2034	4177	Krauß	1919	7433	
28	92 2035	4178	Krauß	1919	7434	
29	92 2036	4179	Krauß	1919	7435	
30	92 2037	4180	Krauß	1919	7436	
31	92 2038	4181	Krauß	1919	7707	
32	92 2039	4182	Krauß	1919	7708	
33	92 2040	4183	Krauß	1919	7709	

Neue Gattung **Gt 44.17**
Rostfläche 2,02 m^2
Heizfläche 123,64 m^2
Dampfüberdruck 12 atü
Treibraddurchmesser 1216 mm
Höchstgeschwindigkeit 45 km/h

Triebwerksbez. **D n2**
Wasservorrat 9 m^3
Kohlevorrat 2,2 t
Dienstgewicht 70,0 t
Länge über Puffer 11,100 m
Indizierte Leistung 570 PS

Lfd. Nr.	Betriebs-Nummer neu	alt	geliefert durch	geliefert im Jahr	Fabrik-Nummer	Bemerkungen
34	92 2041	4184	Krauß	1924	8290	
35	92 2042	4185	Krauß	1924	8291	
36	92 2043	4186	Krauß	1924	8292	
37	92 2044	4187	Krauß	1924	8293	
38	92 2045	4188	Krauß	1925	8294	
39	92 2046	4189	Krauß	1925	8295	
40	92 2047	4190	Krauß	1925	8296	
41	92 2048	4191	Krauß	1925	8297	
42	92 2049	4192	Krauß	1925	8298	

Bild 143
$R\frac{4}{4}$ 92 2012 als Rangierlok 1 in Nürnberg Hbf, Frühjahr 1957

Bild 144
$R\frac{4}{4}$ 92 2015 als Rangierlok 2 in Nürnberg Hbf, Frühjahr 1957

Bild 145
R$\frac{4}{4}$ 92 2015 rangiert in Nürnberg Hbf, Sommer 1957

Bild 146
R$\frac{4}{4}$ 92 2032 abgestellt in Irrenlohe, Sommer 1961. Dahinter PtL$\frac{2}{2}$, Pt$\frac{2}{3}$ und R$\frac{3}{3}$

Die Schiebelok Gt 2 x $\frac{4}{4}$ (Baureihe 96°),

ein Lasttier mit Bärenkräften, szt. die schwerste Lokomotive Europas – acht Treib- bzw. Kuppelachsen!
Sanddom und Dampfdom sind in einem viereckigen Kasten vereinigt, ab Betriebsnummer 96 016 jedoch getrennt angeordnet.
Zum Abkuppeln während der Fahrt konnte die Kupplung dieser Schiebelok vom Führerstand aus auf mechanischem Weg gelöst werden.
Bilder 147–154.
Maffei lieferte 1913/14 15 Stück dieser Mallet-Lok für den Schiebedienst auf der 25‰-Steilrampe Rothenkirchen – Probstzella im Frankenwald und auf der 20‰-Steilrampe Laufach – Heigenbrücken im Spessart. 1922/23 kamen noch 10 Maschinen dieser Gattung (in etwas verstärkter Ausführung) hinzu, ebenfalls von Maffei.
Später wurde die Gt 2x$\frac{4}{4}$ auch für den Schiebedienst auf der Steilrampe Neuenmarkt-Wirsberg – Marktschorgast im Fichtelgebirge (»Schiefe Ebene«, 20‰) eingesetzt, ferner zeitweise auf der Strecke Eger – Adorf im Vogtland und auf der Strecke Brügge – Lüdenscheid im Sauerland.
Die erste Gt 2x$\frac{4}{4}$ wurde schon 1931 ausgemustert, nämlich die 96 001; die letzte, die 96 009 schied 1949 aus dem Dienst.
Allein konnte diese Maschine auf einer Steigung von 25‰ 610 t mit 15 km/h befördern.

Bild 147
Skizze der Gt 2 x $\frac{4}{4}$

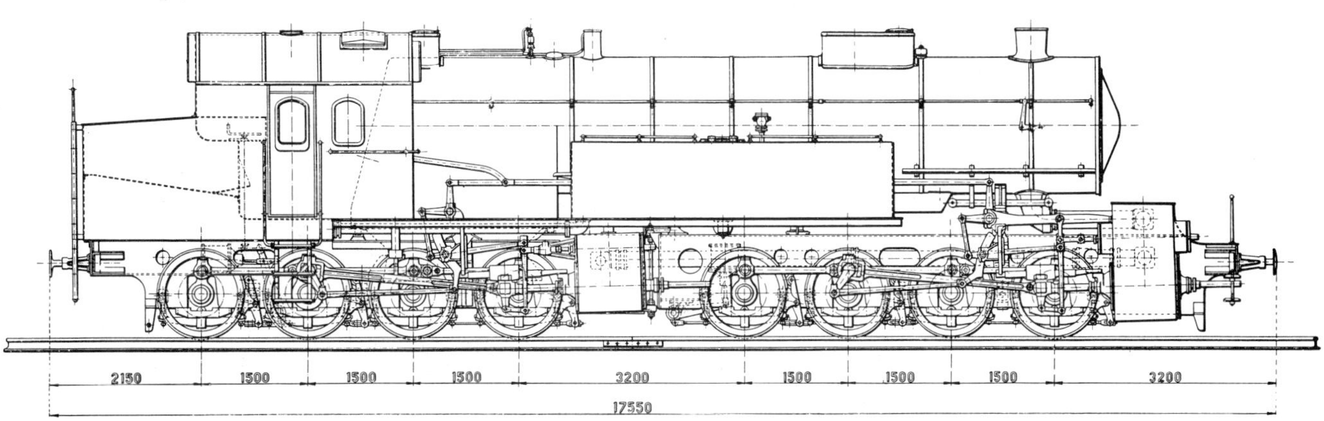

Zur Zeit des Dampfbetriebs war das *Nachschieben der Schnellzüge und der Güterzüge* auf den genannten Steilrampen an der Tagesordnung. Dabei mußten stärkere Stöße und Zerrungen im Zug vermieden werden; deshalb hatte es sich nach einem strengen Ritual zu vollziehen. Hier die entsprechenden Vorschriften nach dem Stand von 1903:

»Bei Zügen mit einer führenden Lokomotive an der Spitze ist das Nachschieben nur zulässig:
a) zum Ersteigen stark geneigter Bahnstrecken,
b) bei Ingangbringung der Züge in den Stationen oder in Notfällen auf freier Strecke.
Wenn die Schiebelokomotive an den Zug angefahren ist, gibt ihr Führer zum Zeichen, daß er zum Schieben bereit ist, das Signal 23 (Achtung). Auf das Abfahrtssignal des Zugführers (Signal 27) gibt der vordere Lokomotivführer gleichfalls das Achtungssignal. Darauf öffnet der Führer der Schiebelokomotive den Regulator soweit, daß diese ohne weiteres mitläuft, sobald sich der Zug in Bewegung setzt und gibt sodann nochmals das Signal 23. Hierauf setzt der Führer der ziehenden Lokomotive den Zug langsam in Bewegung.
Die Kraftentwicklung der Lokomotiven hat stetig zu geschehen, damit Zuckungen und Stöße im Zug vermieden werden. Solange nachgeschoben wird, darf die Fahrgeschwindigkeit höchstens 45 km in der Stunde betragen.
Soll das Nachschieben beendigt werden, so hat der Führer der Schiebelokomotive das Achtungssignal zu geben und den Regulator so allmählich zu schließen, daß ein Zerreißen des Zuges vermieden wird. Der Führer der Schiebelokomotive hat den weiterfahrenden Zug noch einige Zeit zu beobachten, um Gewißheit zu erlangen, daß keine Zugtrennung eingetreten ist.«
Der Zug behielt sein Schlußsignal (bis 1935: zwei »Oberwagenscheiben« und – am rechten Puffer – eine runde, rote Schlußscheibe mit weißem Rand, nachts drei rote Lichter, wobei die »Oberwagenlaternen« nach vorne grün leuchteten). Die Schiebelokomotive führte nur die Schlußscheibe bzw. nachts ein rotes Licht.

Bild 148
Gt 2 x $\frac{4}{4}$ 96 004, abgestellt in Neuenmarkt-Wirsberg, Herbst 1948. Vor der Lok Werkzeugkiste und Haltscheiben der Bahnmeisterei; bayerisches Weichensignal

Bild 149
Gt 2 x $\frac{4}{4}$ Nr. 5765 am 29. 3. 1920, Ort unbekannt. Die vier Personen geben einen Vergleichsmaßstab ab für die respektablen Dimensionen dieser imposanten Tenderlokomotive. – Die »Photographischen Platten« mußten damals noch lange belichtet werden, daher der verwischte Rauch (Archiv des Verkehrsmuseums Nürnberg)

Bild 150
Gt 2 x $\frac{4}{4}$ 96 017 schiebt einen Güterzug auf der Steilrampe Rothenkirchen – Probstzella im Frankenwald, 1930 (Ernst Köditz)

Neue Gattung **Gt 88.15**

Rostfläche 4,25 m^2
Heizfläche (ohne Überhitzer) 195,64 m^2
Dampfüberdruck 15 atü
Treibraddurchmesser 1216 mm
Höchstgeschwindigkeit 50 km/h

Triebwerksbez. D + D h4v
Wasservorrat 11,8 m^3
Kohlevorrat 4,5 t
Dienstgewicht 123,2 t
Länge über Puffer 17,550 m
Indizierte Leistung 1470 PS

Lfd. Nr.	Betriebs-Nummer neu	alt	geliefert durch	geliefert im Jahr	Fabrik-Nummer	Bemerkungen
1	96 001	5751	Maffei	1913	3414	
2	96 002	5752	Maffei	1913	3415	
3	96 003	5753	Maffei	1913	3416	
4	96 004	5754	Maffei	1913	3417	
5	96 005	5755	Maffei	1913	3418	
6	96 006	5756	Maffei	1913	3419	
7	96 007	5757	Maffei	1913	3420	
8	96 008	5758	Maffei	1913	3421	
9	96 009	5759	Maffei	1913	3422	
10	96 010	5760	Maffei	1913	3423	
11	96 011	5761	Maffei	1914	3424	
12	96 012	5762	Maffei	1914	3425	
13	96 013	5763	Maffei	1914	3426	
14	96 014	5764	Maffei	1914	3427	
15	96 015	5765	Maffei	1914	3428	

Bild 152
Gt 2 x $\frac{4}{4}$ 96 022, abgestellt in Neuenmarkt-Wirsberg, Herbst 1948

Bild 151
Gt 2 x $\frac{4}{4}$ 96 020 in einem außerbayerischen Bahnhof (in Bayern gab es keine dreiflügeligen Hauptsignale!)
(Archiv des Verkehrsmuseums Nürnberg)

Bild 153
Gt 2 x $\frac{4}{4}$ beim Nachschieben zwischen Lauenstein und Probstzella, 1937.
Über dem Schluß des Zuges hängt noch der feine Rauch der Zuglokomotive

Bild 154
Fahrplan des Dg 6845 von 1929. Die Bemerkung im Kopf ermöglicht einen Vergleich der Leistungsfähigkeit der auf dieser Strecke verwendeten Lokomotiven:

Zwischen Nürnberg und Bamberg nahmen

die bayer. $G\frac{4}{5}H$	950 t,	die bayer. $G\frac{5}{5}$	1000 t,
die bayer. $G\frac{3}{4}H$	650 t,	die preuß. G 10	850 t.

Zwischen Bamberg und Rothenkirchen nahmen

die preuß. P 8	550 t,	die preuß. G 10	750 t.

Auf der Steilrampe zwischen Rothenkirchen und Probstzella nahmen

die preuß. P 8	170 t,	die preuß. T 20	400 t,
die preuß. G 10	250 t,	die Baureihe 44	450 t.
die bayer. Gt $2\times\frac{4}{4}$	450 t,		

Die bayerische $G\frac{5}{5}$ und die bayerische Gt $2\times\frac{4}{4}$ konnten also durchaus mit den anderen Lokomotiven konkurrieren, sogar mit der damals neuesten Einheitslok Baureihe 44.

264

□ 6845, Durchgangsgüterzug. (13)

Fortsetzung aus Heft 8/14.

Zulässige Höchstbelastung in Strecke Nürnberg Rbf.—Bamberg für Lok 45.16 (G 4/5) 950 Tonnen, Lok 34.16 (G 3/4 H) 650 Tonnen, Lok 55.15-17 (G 5/5) 1000 Tonnen, Lok 55.15 (G 10) 850 Tonnen; Bamberg—Rothenkirchen (Ofr.) für Lok 35.17 (P 8) 550 Tonnen, Lok 55.15 (G 10) 750 Tonnen, Rothenkirchen (Ofr.)—Probstzella für Lok 35.17 (P 8) 170 Tonnen, Lok 55.15 (G 10) 250 Tonnen; Lok 88.16 (Gt 2×4/4) 450 Tonnen, Lok 57.19 (T 20) 400 Tonnen, Lok G 56.20 = 450 Tonnen.

1 Entfernung km	2 Stationen und Blockstellen	3 Fahrzeit M	4 Ankunft	5 Aufenthalt M	6 Abfahrt	7 Kreuzung mit Zug	8 Überholung durch Zug	9 Kürzeste Fahrzeit M	9 M	10 [illegible] km	11 Bremsbesetzung %
	●Nürnberg Rbf. A [20]		5 28	2 12	9 00					55	25
6,2	Bk Großreuth		—	—	10			9		54	
3,5	●[30] Fürth (Bay.) Gbf. [30]		—	—	16			4			
	Bk c										
7,6	●Bach		—	—	28			8		60	
	Bk e										
4,3	Eltersdorf		—	—	33			4,5			
1,8	●Erlangen-Bruck		—	—	35			2		58	
1,9	●Erlangen Gbf.		—	—	38			2,5		60	
1,0	●Erlangen Pbf.		—	—	40			1,5			
3,9	●Bubenreuth	86	—	—	45			4	73		
3,5	●Baiersdorf		—	—	49			3,5			
3,6	●Kersbach		—	—	53			4			
3,8	●Forchheim (Ofr.)		—	—	57			4			
	Bk g										
7,0	●Eggolsheim		—	—	10 05			7			
3,2	●Buttenheim		—	—	09			3,5			
2,7	●Hirschaid		—	—	12			3			
3,6	●Strullendorf		—	—	16			3,5			
	Bk h										
7,6	[30]●Bamberg [30]		10 26	20	46			9			
3,5	●Hallstadt b. Bbg.		—	—	53			5,5			
4,1	●Breitengüßbach		—	—	58			4		58	
4,4	Ebing		—	—	11 03			4,5		60	
2,2	●Zapfendorf		—	—	06			2,5			
6,0	●Ebensfeld	95	—	—	16			6	77		
5,5	●Staffelstein		—	—	20			5,5			
6,2	[30]● Lichtenfels [30]		—	—	11 28			7,5			

265

1 Entfernung km	2 Stationen und Blockstellen	3 Fahrzeit M	4 Ankunft	5 Aufenthalt M	6 Abfahrt	7 Kreuzung mit Zug	8 Überholung durch Zug	9 Kürzeste Fahrzeit M	9 M	10 [illegible] km	11 Bremsbesetzung %
	[30]●Lichtenfels [30]		—	—	11 28					54	25
	Bk l										
4,2	●Michelau		—	—	34			5,5		60	
	Bk k										
4,1	●Hochstadt-Mzln.	95	—	—	39			4	77		
3,5	●Redwitz (Rodach)		—	—	44			3,5		56	
3,7	●Oberlangenstadt		—	—	48			4		60	
1,9	●Küps		—	—	51			2			
3,6	●Neuses b. Kr.		—	—	55			4			
2,7	●Kronach		—	—	58			3			
4,8	●Gundelsdorf		—	—	12 05			5			
3,4	●Stockheim (Ofr.)		—	—	10			3,5			
5,5	[30]●Rothenkirchen (Ofr.) [30]		12 21	25	46		§139	7			27
	Bk f										
5,9	[40]●Förtschendorf		—	—	59			9		25	
	Bk e										
	Bk d										
6,3	●Steinbach a. W.	66	—	—	13 16			13	56		
	Bk b										
6,2	●Ludwigsstadt		—	—	33			16			
3,0	●Lauenstein (Ofr.)		—	—	41			8			
	Bk a										
4,0	●Probstzella		13 52	15	14 07		39	10		50	26/32
4,0	●Marktgölitz		—	—	13,5			5,8			
5,2	●Unterloquitz		—	—	20			6,3			
3,7	Hockeroda		—	—	25			4,5			
2,2	●Eichicht	35	—	—	28			2,7	31,9		
4,1	Breternitz		—	—	33,5			5			
4,1	Bk Köditz		—	—	39			5			
1,7	Saalfeld		14 42	22	15 04			2,6			
194,9											

Zuglokomotive rangiert unterwegs:
von Nürnberg Hbf. bis Bamberg Minuten,
von Hallstadt bis Lichtenfels Minuten,
von Michelau bis Rothenkirchen (Ofr.) Minuten,
von Förtschendorf bis Probstzella Minuten.

§ 139 verkehrt vom 28. Juni bis mit 31. August, am 16., 17., 18. u. 21. Mai, 22., 23., 24., 30. u. 31. Dezember 1929, 16., 17., 18., 19., 21., 22. u. 23. April 1930.

Neue Gattung **Gt 88.16**

Rostfläche 4,25 m^2
Heizfläche (ohne Überhitzer) 195,64 m^2
Dampfüberdruck 15 atü
Treibraddurchmesser 1216 mm
Höchstgeschwindigkeit 50 km/h

Triebwerksbez. D + D h4v
Wasservorrat 12,3 m^3
Kohlevorrat 5 t
Dienstgewicht 131,1 t
Länge über Puffer 17,700 m
Indizierte Leistung 1630 PS

Lfd. Nr.	Betriebs-Nummer neu	alt	geliefert durch	geliefert im Jahr	Fabrik-Nummer	Bemerkungen
16	96 016	5766	Maffei	1922	5336	
17	96 017	5767	Maffei	1923	5337	
18	96 018	5768	Maffei	1923	5338	
19	96 019	5769	Maffei	1923	5339	
20	96 020	5770	Maffei	1923	5340	
21	96 021	5771	Maffei	1923	5341	
22	96 022	5772	Maffei	1923	5342	
23	96 023	5773	Maffei	1923	5343	
24	96 024	5774	Maffei	1923	5344	
25	96 025	5775	Maffei	1923	5345	

Die Zahnradlok PtzL $\frac{3}{4}$ (Baureihe 97^1)

für die einzige Zahnstangenstrecke der Königlich Bayerischen Staatsbahnen von Erlau nach Wegscheid im Bayerischen Wald mit Steigungen von 69,9‰ (= 1:14,3).
Außer dem normalen Triebwerk hat sie ein besonderes für die zwei Zahnräder.

Bilder 155–163.

Die Maschinen wurden von Krauß geliefert, drei Stück im Jahre 1912, eine weitere im Jahre 1923.
Sie gehörten zum Bw Passau.
Die 97 102 blieb nach dem letzten Krieg in Österreich, die anderen wurden 1963 ausgemustert.
Im Zahnradbetrieb durften diese Lokomotiven 90 t mit 12 km/h zu Berg schieben, in der Talfahrt durften sie 110 t befördern.

Bild 155
PtzL$\frac{3}{4}$ Nr. 4102, fabrikneu (Fabrikbild)

Bild 156
PtzL $\frac{3}{4}$ 97 103 in Weg-
scheid, Frühjahr 1959

Bild 157
PtzL $\frac{3}{4}$ 97 103 mit
Schneepflug in
Wegscheid,
Frühjahr 1959

Neue Gattung **Z 34.15**
Rostfläche 1,82 m^2
Heizfläche (ohne Überhitzer) 71,69 m^2
Dampfüberdruck 12 atü
Treibraddurchmesser 1006 mm
Höchstgeschwindigkeit 45 km/h,
mit Zahnrad 12 km/h

Triebwerksbez. C1b h4v
Wasservorrat 4 m^3
Kohlevorrat 1,6 t
Dienstgewicht 57,8 t
Länge über Puffer 10,490 m
Indizierte Leistung 560 PS

Lfd. Nr.	Betriebs-Nummer neu	alt	geliefert durch	geliefert im Jahr	Fabrik-Nummer	Bemerkungen
1	97 101	4101	Krauß	1912	6632	
2	97 102	4102	Krauß	1912	6633	
3	97 103	4103	Krauß	1912	6634	

Bild 158
PtzL$\frac{3}{4}$ 97 104 mit Personenzug auf der Zahnstangenstrecke vor Wegscheid, Winter 1937/38

Bild 159
Sie schiebt ihren Güterzug Zahn für Zahn bergan: PtzL$\frac{3}{4}$ 97 104 vor Wegscheid, Winter 1937/38

unten:
Bild 160
PtzL$\frac{3}{4}$ 97 104 beim Halt in Untergriesbach, Frühjahr 1960. Typisches bayerisches Lokalbahn-Agenturgebäude

Neue Gattung **Z 34.15**

Rostfläche 2,0 m^2
Heizfläche (ohne Überhitzer) 80,34 m^2
Dampfüberdruck 13 atü
Treibraddurchmesser 1006 mm
Höchstgeschwindigkeit 45 km/h,
mit Zahnrad 12 km/h

Triebwerksbez. C1b h4v

Wasservorrat 4 m^3
Kohlevorrat 1,7 t
Dienstgewicht 59,9 t
Länge über Puffer 10,640 m
Indizierte Leistung 620 PS

Lfd. Nr.	Betriebs-Nummer neu	alt	geliefert durch	geliefert im Jahr	Fabrik-Nummer	Bemerkungen
4	97 104	4104	Krauß	1923	8033	

Bild 161
PtzL$\frac{3}{4}$ 97 104 in Untergriesbach, Frühjahr 1960

Bild 162
Letzte Nachschau vor der Fahrt an den Zug: PtzL$\frac{3}{4}$ 97 104 in Wegscheid, Frühjahr 1960

unten:
Bild 163
Die beiden Triebwerke der PtzL$\frac{3}{4}$:
Oben für die Zahnräder, die beide zu sehen sind, unten das normale Triebwerk; Wegscheid, Frühjahr 1959

Die leichte Lokalbahnlok PtL $\frac{2}{2}$ (Baureihe 98^{3}),

eine Einmann-Lok für kurze Stichbahnen, sparsam wie ein 2 CV-Auto; erste Heißdampflok in Bayern. Es gab vier Spielarten:

a) 6 Maschinchen mit Innenzylindern und Blindwelle, geliefert von Krauß 1905/06, ausgemustert 1923;

b) 24 Maschinchen mit zwei gegenläufigen Kolben in jedem Zylinder und innenliegenden Kuppelstangen, geliefert von Maffei 1906 bis 1908 als ML$\frac{2}{2}$ (M = Motorlok), ausgemustert 1922 bis 1924;

Bild 164
PtL$\frac{2}{2}$ 98 301 in Spalt, Sommer 1949. Rauchkammertür geöffnet

Bild 165
Die PtL $\frac{2}{2}$ 98 301 in rasender Fahrt vor Georgensgmünd, Sommer 1949

c) 29 Maschinchen mit Blindwelle, sonst aber normalem Triebwerk, geliefert von Krauß 1908/09, zum Teil umgenummert in 98 301 bis 98 309;
d) 13 Maschinchen mit normalem Triebwerk, geliefert von Krauß 1911 und 1914, umgenummert in 98 310 bis 98 322.

In diesem Abschnitt soll auf die Lokomotiven 98 301 bis 98 322 näher eingegangen werden.

Die Handgriffe für die Bedienung und damit der Platz für den Lokomotivführer waren an der rechten Seite des Langkessels; das Führerhaus mit den drei großen Fenstern an jeder Seite reichte über den ganzen Kessel hinweg. Das trug dieser Lok den Spitznamen Glaskasten bzw. Glas-Chaise (= Glaskutsche) ein.

Die Kohlen fielen beim Bedienen eines Rüttelhebels aus dem trichterförmigen Kohlenkasten auf den Rost – »Schüttfeuerung«.

Übergangsbrücken und Türen im Führerhaus ermöglichten es dem Schaffner (Zugführer), während der Fahrt auf die Lokomotive zu gelangen.
Bilder 164–178.

1935 waren PtL $\frac{2}{2}$ stationiert in Augsburg, Freilassing, Ingolstadt, Kempten, Neu Ulm, Nürnberg Rbf, Regensburg, Rosenheim, Schwandorf, Simbach und Weiden, jeweils für die von diesen Bahnbetriebswerken versorgten Lokalbahnen.

Die erste der umgenummerten PtL $\frac{2}{2}$, die 98 321 wurde 1946 ausgemustert, die letzte, die 98 307 schied im Juni 1963 bei der Bundesbahndirektion Nürnberg aus dem Dienst.

In der Ebene erreichte die PtL $\frac{2}{2}$ ihre Höchstgeschwindigkeit (50 km/h) mit einer Last von 50 t (= 5 Lokalbahnwagen); bei 40 km/h nahm sie 170 t. In einer Steigung von 5‰ konnte sie 125 t mit 30 km/h befördern.

Neue Gattung **L 22.11**
Rostfläche 0,6 m^2
Heizfläche (ohne Überhitzer) 28,67 m^2
Dampfüberdruck 12 atü
Treibraddurchmesser 1006 mm
Höchstgeschwindigkeit 50 km/h

Triebwerksbez. B h2
Wasservorrat 2 m^3
Kohlevorrat 0,6 t
Dienstgewicht 22,7 t
Länge über Puffer 7,004 m
Indizierte Leistung 210 PS

Lfd. Nr.	Betriebs-Nummer neu	Betriebs-Nummer alt	geliefert durch	geliefert im Jahr	Fabrik-Nummer	Bemerkungen
1	–	4507	Krauß	1908	5889	ausgemustert 1924
2	–	4508	Krauß	1908	5890	ausgemustert 1925
3	–	4509	Krauß	1908	5891	ausgemustert 1925
4	98 301	4510	Krauß	1908	5892	
5	–	4511	Krauß	1908	5893	ausgemustert 1925
6	98 302	4512	Krauß	1908	5894	
7	–	4513	Krauß	1908	5895	ausgemustert 1925
8	–	4514	Krauß	1908	5896	ausgemustert 1925
9	–	4515	Krauß	1908	5897	ausgemustert 1925
10	98 303	4516	Krauß	1908	5898	
11	–	4517	Krauß	1908	5899	ausgemustert 1924
12	–	4518	Krauß	1908	5900	ausgemustert 1924
13	–	4519	Krauß	1908	5901	ausgemustert 1925

Bild 167
PtL $\frac{2}{2}$ 98 304 in Berchtesgaden, 1935. Das Gegengewicht an der Blindwelle ist sichtbar.

Bild 166
PtL$\frac{2}{2}$ 98 301 an der Bekohlung in Spalt, Sommer 1957

Bild 168
PtL$\frac{2}{2}$ 98 307 in Spalt, Sommer 1955

Bild 169
PtL$\frac{2}{2}$ 98 307, Rückansicht. Spalt, Herbst 1955

Bild 170
PtL$\frac{2}{2}$ 98 307 vor dem »Maschinenhaus« in Spalt, Sommer 1958. Im Vordergrund der »Putzgraben«, im Hintergrund links die Bekohlungsanlage

Bild 171
»Beim Feuerputzen« – offenbar ist schon etwas glühende Schlacke herausgeschafft worden. PtL $\frac{2}{2}$ 98 307 in Spalt, Sommer 1958

Bild 172
Die PtL $\frac{2}{2}$ mit ihrem Züglein unterwegs – bei Großweingarten, Sommer 1959

Lfd. Nr.	Betriebs-Nummer neu	alt	geliefert durch	geliefert im Jahr	Fabrik-Nummer	Bemerkungen
14	–	4520	Krauß	1908	5902	ausgemustert 1924
15	–	4521	Krauß	1908	5903	ausgemustert 1924
16	98 304	4522	Krauß	1908	5904	
17	98 305	4523	Krauß	1908	5905	
18	–	4524	Krauß	1908	5906	ausgemustert 1925
19	–	4525	Krauß	1908	5907	ausgemustert 1925
20	98 306	4526	Krauß	1908	5908	
21	–	4527	Krauß	1909	5909	ausgemustert 1925
22	–	4528	Krauß	1909	5910	ausgemustert 1925
23	98 307	4529	Krauß	1909	5911	
24	–	4530	Krauß	1909	5912	ausgemustert 1925
25	98 308	4531	Krauß	1909	5913	
26	–	4532	Krauß	1909	5914	ausgemustert 1925
27	98 309	4533	Krauß	1909	5915	
28	–	4534	Krauß	1909	5916	ausgemustert 1925
29	–	4535	Krauß	1909	5917	ausgemustert 1925

Bild 173
PtL $\frac{2}{2}$ 98 307 vor der Abfahrt in Georgensgmünd, Frühjahr 1962. Sie wird gebührend bestaunt; die kleinen Lokalbahnwagen sind schon verschwunden, man fährt mit Hauptbahn – Bi – Wagen

Bild 174
PtL $\frac{2}{2}$ 98 307 in Georgensgmünd, Frühjahr 1962

Bild 175
PtL $\frac{2}{2}$ 98 309 des Bw Freilassing und 98 315 des Bw Rosenheim, abgestellt in Raubling, Frühjahr 1949

Bild 176
PtL $\frac{2}{2}$ 98 311 in Wendelstein, 1935 mit typischem bayerischen Lokalbahnzug; jeder der vier Wagen hat sein eigenes Gesicht: nach der Lok ein PwPostL, dann ein CL mit 12 Fenstern, dann ein CL mit 4 Fenstern, am Schluß ein GwL

Bild 177
Auf dem Führerstand der PtL $\frac{2}{2}$. Links vorne der doppelgriffige Rüttelhebel für die »mechanische Rostbeschickung«; in Bildmitte der Reglerhebel – er steht an der Marke »Z« (Zu)

Neue Gattung **L 22.12**
Rostfläche 0,6 m^2
Heizfläche (ohne Überhitzer) 28,67 m^2
Dampfüberdruck 12 atü
Treibraddurchmesser 1006 mm
Höchstgeschwindigkeit 50 km/h

Triebwerksbez. B h2
Wasservorrat 2,2 m^3
Kohlevorrat 0,6 t
Dienstgewicht 22,1 t
Länge über Puffer 6,800 m
Indizierte Leistung 210 PS

Lfd. Nr.	Betriebs-Nummer neu	alt	geliefert durch	geliefert im Jahr	Fabrik-Nummer	Bemerkungen
30	98 310	4536	Krauß	1911	6394	
31	98 311	4537	Krauß	1911	6395	
32	98 312	4538	Krauß	1911	6396	
33	98 313	4539	Krauß	1911	6397	
34	98 314	4540	Krauß	1911	6398	
35	98 315	4541	Krauß	1911	6399	
36	98 316	4542	Krauß	1911	6400	
37	98 317	4543	Krauß	1911	6401	
38	98 318	4544	Krauß	1911	6402	
39	98 319	4545	Krauß	1914	6888	
40	98 320	4546	Krauß	1914	6889	
41	98 321	4547	Krauß	1914	6890	
42	98 322	4548	Krauß	1914	6891	

Bild 178
Sie hatte ja fast Kindergröße, die PtL $\frac{2}{2}$, der hier freundlich zugewinkt wird. Bei Großweingarten, Sommer 1959

Die Lokalbahnlok D XI / PtL $\frac{3}{4}$ (Baureihe 98^{4-5}),

»die bayerische Lokalbahnlokomotive« schlechthin, ein genügsamer, treuer Ackergaul, der das flache Land getreulich versorgte.
Bilder 179–193.
Krauß lieferte von 1895 bis 1914 99 dieser Maschinen, Maffei lieferte von 1895 bis 1903 48 Stück.
Die 1908 von der Lokalbahn-Aktien-Gesellschaft München übernommenen Lokomotiven 2762 bis 2764 und die 1914 in Dienst gestellten 2783 bis 2787 erhielten die inzwischen eingeführte neue Bezeichnung PtL $\frac{3}{4}$.

Die D XI war im ganzen Land anzutreffen. 1935 war sie stationiert in Ansbach, Aschaffenburg, Augsburg, Bamberg, Eger, Freilassing, Hof, Kempten, Kirchenlaibach, Lindau, München Ost, Neuenmarkt=Wirsberg, Neu Ulm, Nürnberg Hbf, Nürnberg Rbf, Passau, Plattling, Pressig=Rothenkir-

Bild 181
D XI 98 494 mit Güterzug auf der Bayreuther Mainbrücke, Sommer 1955

Bild 179
D XI 98 480 vor Thurnau, 1935. Nach der Lok läuft ein PwPostL, es folgt ein Haupthahn – Ci, am Schluß ein CL mit 4 Fenstern

Bild 180
D XI 98 494 fährt in Vorspann vor einer P 8 aus Nürnberg Hbf aus, 1938. Die Handwinde (unter dem Wasserkasten) war vorgeschriebenes Requisit

chen, Regensburg, Schwandorf, Schweinfurt, Straubing und Weiden.
Hierzu muß bemerkt werden, daß die Lokalbahnlokomotiven in der Regel auf den Anschlußbahnhöfen oder auf den Endbahnhöfen der Nebenbahnen, den Lokomotivstationen beheimatet waren und nur zum Auswaschen und zur Reparatur in ihr Bahnbetriebswerk einrückten.

Die Ausmusterung der D XI begann 1931; als letzte schied die 98 507 im November 1960 bei der Bundesbahndirektion Nürnberg aus dem Dienst.
In der Ebene erreichte die D XI ihre Höchstgeschwindigkeit (45 km/h) noch mit einem Zug von 400 t; in einer Steigung von 5‰ brachte sie einen Zug von 135 t (= 8 Lokalbahnwagen) auf diese Geschwindigkeit.

Alte Gattung **D XI;** neue Gattung **L 34.10,**
ab Nr. 2004: L 34.11

Triebwerksbez. C1 n2

Rostfläche 1,34 m^2
Heizfläche 66,63 m^2
Dampfüberdruck 12 atü
Treibraddurchmesser 1006 mm
Höchstgeschwindigkeit 45 km/h

Wasservorrat 4,3 m^3
Kohlevorrat 1,5 t
Dienstgewicht 40,2; 41,0 t
Länge über Puffer 9,288; 9,306 m
Indizierte Leistung 320 PS

Lfd. Nr.	Betriebs-Nummer neu	alt	geliefert durch	geliefert im Jahr	Fabrik-Nummer	Bemerkungen
1	98 411	1991	Krauß	1895	3151	
2	98 412	1992	Krauß	1895	3152	
3	98 413	1993	Krauß	1895	3153	
4	98 414	1994	Maffei	1895	1806	
5	98 415	1995	Maffei	1895	1807	
6	98 416	1996	Maffei	1895	1808	
7	98 417	1997	Krauß	1895	3307	
8	98 418	1998	Krauß	1895	3308	
9	98 419	1999	Krauß	1897	3468	
10	98 420	2000	Krauß	1896	3309	
11	98 421	2001	Krauß	1897	3469	
12	98 422	2002	Krauß	1897	3470	
13	98 423	2003	Krauß	1897	3471	
	98 424 – 98 430 = unbesetzte Betriebsnummern					
14	98 431	2004	Maffei	1897	1870	
15	98 432	2005	Maffei	1897	1871	
16	98 433	2006	Maffei	1898	1872	
17	98 434	2007	Maffei	1898	1873	
18	98 435	2008	Maffei	1898	1874	
19	98 436	2009	Maffei	1898	1875	

Bild 182
D XI 98 494
in Bayreuth Hbf,
Herbst 1955

Bild 183
Sie wartet auf die Austauschlok, der Hocker, das Werkzeug und alle Geräte sind schon ausgeräumt: die D XI 98 507 in Neumarkt (Opf), Sommer 1956

Bild 184
D XI 98 498 in Demantsfürth-Ühlfeld, 1940.
Die Laternen sind kriegsmäßig verdunkelt

Lfd. Nr.	Betriebs-Nummer neu	alt	geliefert durch	geliefert im Jahr	Fabrik-Nummer	Bemerkungen
20	98 437	2010	Maffei	1898	1931	
21	98 438	2011	Maffei	1898	1932	
22	98 439	2012	Maffei	1898	1945	
23	98 440	2013	Maffei	1898	1946	
24	98 441	2014	Maffei	1898	1947	
25	98 442	2015	Maffei	1898	1948	
26	98 443	2016	Maffei	1898	1949	
27	98 444	2017	Maffei	1898	1950	
28	98 445	2018	Maffei	1898	1951	
29	98 446	2019	Maffei	1898	1952	
30	98 447	2020	Maffei	1898	1953	
31	98 448	2021	Maffei	1898	1954	
32	98 449	2022	Maffei	1899	1955	
33	98 450	2023	Maffei	1899	1956	
34	98 451	2024	Maffei	1899	1957	
35	98 452	2025	Maffei	1899	1984	
36	98 453	2026	Maffei	1899	1985	
37	98 454	2027	Maffei	1899	1986	
38	98 455	2028	Maffei	1899	1987	
39	98 456	2029	Maffei	1899	1988	
40	98 457	2030	Maffei	1899	1989	
41	98 458	2031	Maffei	1899	1990	
42	98 459	2032	Krauß	1899	4116	
43	98 460	2033	Krauß	1899	4117	
44	98 461	2034	Krauß	1900	4118	
45	98 462	2035	Krauß	1900	4119	
46	98 463	2036	Krauß	1900	4120	
47	98 464	2037	Krauß	1900	4121	
48	98 465	2038	Krauß	1900	4122	
49	98 466	2039	Krauß	1900	4123	
50	98 467	2040	Krauß	1900	4124	
51	98 468	2041	Krauß	1900	4125	
52	98 469	2042	Krauß	1900	4126	
53	98 470	2043	Krauß	1900	4127	
54	98 471	2044	Krauß	1900	4128	
55	98 472	2045	Krauß	1901	4543	
56	98 473	2046	Krauß	1901	4544	
57	98 474	2047	Krauß	1902	4545	
58	98 475	2048	Krauß	1902	4546	

Lfd. Nr.	Betriebs-Nummer neu	alt	geliefert durch	geliefert im Jahr	Fabrik-Nummer	Bemerkungen
59	98 476	2049	Krauß	1902	4547	
60	98 477	2050	Krauß	1902	4548	
61	98 478	2701	Krauß	1902	4549	
62	98 479	2702	Krauß	1902	4550	
63	98 480	2703	Krauß	1902	4551	
64	98 481	2704	Krauß	1902	4552	
65	98 482	2705	Krauß	1900	4260	
66	98 483	2706	Krauß	1900	4261	
67	98 484	2707	Krauß	1900	4262	
68	98 485	2708	Krauß	1900	4263	
69	98 486	2709	Krauß	1900	4264	
70	98 487	2710	Krauß	1900	4265	
71	98 488	2711	Krauß	1900	4130	
72	98 489	2712	Krauß	1900	4131	
73	98 490	2713	Krauß	1902	4852	
74	98 491	2714	Krauß	1902	4853	

Bild 185
D XI 98 507 mit schönem bayerischen Lokalbahnzug abfahrbereit in Freystadt (Oberpf), Herbst 1958. Nach der Lok ein GwL, es folgen zwei BL (nunmehr 2. Klasse!) mit je 12 Fenstern

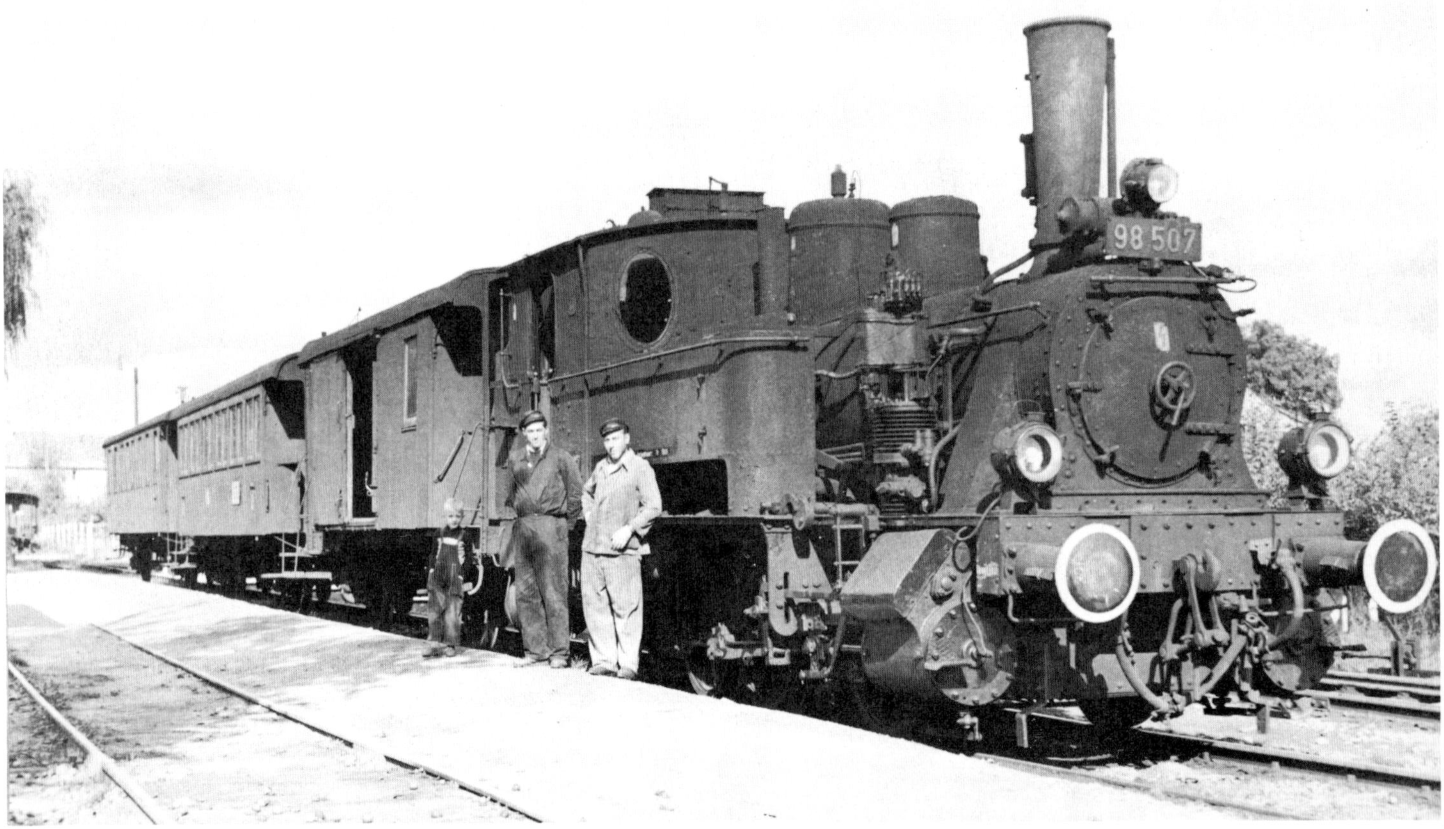

Bild 186
D XI 98 507 am Kohlenkran in Neumarkt (Opf), Frühjahr 1959

unten:
Bild 187
D XI 98 507 ausgedient abgestellt im Ausbesserungswerk Weiden (Oberpf), Sommer 1964. Sie konnte vor dem Schneidbrenner gerettet werden und steht heute als Denkmal in Ingolstadt Hbf

Lfd. Nr.	Betriebs-Nummer neu	alt	geliefert durch	geliefert im Jahr	Fabrik-Nummer	Bemerkungen
75	98 492	2715	Krauß	1902	4854	
76	98 493	2716	Krauß	1903	4855	
77	98 494	2717	Krauß	1903	4856	
78	98 495	2718	Krauß	1903	4857	
79	98 496	2719	Krauß	1903	4858	
80	98 497	2720	Krauß	1903	4859	
81	98 498	2721	Krauß	1903	4860	
82	98 499	2722	Krauß	1903	4861	
83	98 500	2723	Krauß	1903	4862	
84	98 501	2724	Krauß	1903	4863	
85	98 502	2725	Krauß	1903	4864	
86	98 503	2726	Krauß	1903	4865	
87	98 504	2727	Krauß	1903	4866	
88	98 505	2728	Krauß	1903	4867	
89	98 506	2729	Krauß	1903	4868	
90	98 507	2730	Krauß	1903	4869	
91	98 508	2731	Krauß	1902	4850	
92	98 509	2732	Krauß	1902	4851	
93	98 510	2733	Maffei	1903	2294	

Bild 188
D XI 98 521 mit Güterzug in Uttenreuth, 1935. Die Strecke Erlangen – Eschenau (genannt »Seekuh« – von »Sekundärbahn« abgeleitet) verlief fast nur auf der Landstraße, auf der man damals noch mit dem Kuhgespann verkehrte

Bild 189
D XI 98 524 voll unter Dampf in Schnabelwaid, Sommer 1951. Am Bahnhofsgebäude die Bahnsteigläutewerke für die drei anschließenden Streckenabschnitte

Bild 190
D XI 98 530 in Kulmbach, 1938

Lfd. Nr.	Betriebs-Nummer neu	alt	geliefert durch	geliefert im Jahr	Fabrik-Nummer	Bemerkungen
94	98 511	2734	Maffei	1903	2295	
95	98 512	2735	Maffei	1903	2296	
96	98 513	2736	Maffei	1903	2297	
97	98 514	2737	Maffei	1903	2298	
98	98 515	2738	Maffei	1903	2299	
99	98 516	2739	Maffei	1903	2300	
100	98 517	2740	Maffei	1903	2301	
101	98 518	2741	Maffei	1903	2302	
102	98 519	2742	Maffei	1903	2303	
103	98 520	2743	Maffei	1903	2304	
104	98 521	2744	Maffei	1903	2305	
105	98 522	2745	Maffei	1903	2306	
106	98 523	2746	Maffei	1903	2307	
107	98 524	2747	Maffei	1903	2308	
108	98 525	2748	Maffei	1903	2309	
109	98 526	2749	Maffei	1903	2310	
110	98 527	2750	Krauß	1904	5219	
111	98 528	2751	Krauß	1904	5220	
112	98 529	2752	Krauß	1904	5221	
113	98 530	2753	Krauß	1904	5222	
114	98 531	2754	Krauß	1904	5223	
115	98 532	2755	Krauß	1904	5224	
116	98 533	2756	Krauß	1904	5225	
117	98 534	2757	Krauß	1904	5226	
118	98 535	2758	Krauß	1904	5227	
119	98 536	2759	Krauß	1904	5228	
120	98 537	2760	Krauß	1904	5229	
121	98 538	2761	Krauß	1904	5230	
122	98 539	2765	Krauß	1909	6199	
123	98 540	2766	Krauß	1909	6200	
124	98 541	2767	Krauß	1909	6201	
125	98 542	2768	Krauß	1910	6389	
126	98 543	2769	Krauß	1911	6390	
127	98 544	2770	Krauß	1911	6391	
128	98 545	2771	Krauß	1911	6392	
129	98 546	2772	Krauß	1911	6393	
130	98 547	2773	Krauß	1911	6508	
131	98 548	2774	Krauß	1911	6509	

Bild 191
D XI 98 543 in Bayreuth Altstadt, Frühjahr 1947

unten:
Bild 192
D XI 98 507 und 98 550 in Neumarkt (Oberpf), Sommer 1956. Links der Lokalbahnzug nach Beilngries – Dietfurt (Altmühl), rechts das »Maschinenhaus«

Lfd. Nr.	Betriebs-Nummer neu	alt	geliefert durch	geliefert im Jahr	Fabrik-Nummer	Bemerkungen
132	98 549	2775	Krauß	1911	6510	
133	98 550	2776	Krauß	1911	6511	
134	98 551	2777	Krauß	1911	6512	
135	98 552	2778	Krauß	1911	6513	
136	98 553	2779	Krauß	1911	6514	
137	98 554	2780	Krauß	1912	6515	
138	98 555	2781	Krauß	1912	6516	
139	98 556	2782	Krauß	1912	6517	

98 557 - 98 560 = unbesetzte Betriebsnummern

Alte Gattung **PtL $\frac{3}{4}$**; neue Gattung **L 34.11**

Triebwerksbez. C1 n2

Rostfläche 1,34 m^2
Heizfläche 66,43 m^2
Dampfüberdruck 12 atü
Treibraddurchmesser 1006 mm
Höchstgeschwindigkeit 45 km/h

Wasservorrat 4,3 m^3
Kohlevorrat 1,5 t
Dienstgewicht 39,7; 41,4 t
Länge über Puffer 9,306 m
Indizierte Leistung 320 PS

Lfd. Nr.	Betriebs-Nummer neu	alt	geliefert durch	geliefert im Jahr	Fabrik-Nummer	Bemerkungen
1	98 561	2762	Krauß	1899	3930	
2	98 562	2763	Krauß	1899	3931	
3	98 563	2764	Krauß	1900	4129	
4	98 564	2783	Krauß	1914	6883	
5	98 565	2784	Krauß	1914	6884	
6	98 566	2785	Krauß	1914	6885	
7	98 567	2786	Krauß	1914	6886	
8	98 568	2787	Krauß	1914	6887	

Bild 193
Auf dem Führerstand der D XI. Unten: in der Mitte der Reglerhebel, er steht an der Marke »Z« (Zu), rechts die Kurbel zum Verlegen der Steuerung. Über dem Kessel der (senkrecht stehende) Griff zum Sanden, rechts von ihm der Geschwindigkeitsmesser. Ins Fenster ragt der Zug zur Dampfpfeife.

Die Lokalbahnlok BB II (Baureihe 98^7),

eine Malletlokomotive für Nebenbahnen mit kleinen Gleisbogen.
Bilder 194–201.
Die 31 Maschinen wurden von Maffei von 1899 bis 1908 geliefert.
Die Ausmusterung hatte 1932 begonnen.
1935 waren die letzten BB II stationiert in Passau, Weiden und Würzburg. Die 98 706 hat den II. Weltkrieg überlebt, sie kam 1945 als Werklokomotive nach Österreich; eine andere Werklokomotive, die 98 727 ist erhalten geblieben.

In der Ebene erreichte die BB II ihre Höchstgeschwindigkeit (45 km/h) noch mit einem Zug von 300 t; in einer Steigung von 5‰ brachte sie einen Zug von 160 t (= 10 Lokalbahnwagen) auf 40 km/h.

Bild 194
BB II Nr. 2502 (Autor unbekannt)

Bild 195
BB II 98 710 in
Würzburg Hbf,
1933

unten:
Bild 196
BB II Nr. 2525 fabrikneu
(Fabrikbild)

Neue Gattung **L 44.11**
Rostfläche 1,4 m^2
Heizfläche 66,88 m^2
Dampfüberdruck 12 atü
Treibraddurchmesser 1006 mm
Höchstgeschwindigkeit 45 km/h

Triebwerksbez. B + B n4v
Wasservorrat 4,3 m^3
Kohlevorrat 1,5 t
Dienstgewicht 42,6; 43,8 t
Länge über Puffer 10,040; 10,235 m
Indizierte Leistung 380 PS

Lfd. Nr.	Betriebs-Nummer neu	alt	geliefert durch	geliefert im Jahr	Fabrik-Nummer	Bemerkungen
1	98 701	2501	Maffei	1899	2003	
2	98 702	2502	Maffei	1899	2004	
3	98 703	2503	Maffei	1899	2005	
4	98 704	2504	Maffei	1900	2077	
5	98 705	2505	Maffei	1900	2078	
6	98 706	2506	Maffei	1900	2079	
7	98 707	2507	Maffei	1900	2080	
8	98 708	2508	Maffei	1900	2081	
9	98 709	2509	Maffei	1900	2082	
10	98 710	2510	Maffei	1900	2083	
11	98 711	2511	Maffei	1900	2084	
12	98 712	2512	Maffei	1901	2177	

Bild 197
BB II 98 727 als Werklok der Zuckerfabrik Regensburg, Sommer 1959

Bild 198
BB II 98 727 als Werklok der Zuckerfabrik Regensburg, Sommer 1959

Bild 199
BB II 98 727 als Werklok der Zuckerfabrik Regensburg, Sommer 1959

Lfd. Nr.	Betriebs-Nummer neu	alt	geliefert durch	geliefert im Jahr	Fabrik-Nummer	Bemerkungen
13	98 713	2513	Maffei	1901	2178	
14	98 714	2514	Maffei	1901	2179	
15	98 715	2515	Maffei	1901	2180	
16	98 716	2516	Maffei	1901	2181	
17	98 717	2517	Maffei	1901	2182	
18	98 718	2518	Maffei	1901	2183	
19	98 719	2519	Maffei	1901	2184	
20	98 720	2520	Maffei	1901	2185	
21	98 721	2521	Maffei	1901	2186	
22	98 722	2522	Maffei	1901	2187	
23	98 723	2523	Maffei	1901	2188	
24	98 724	2524	Maffei	1901	2189	
25	98 725	2525	Maffei	1901	2190	
26	98 726	2526	Maffei	1903	2290	
27	98 727	2527	Maffei	1903	2291	
28	98 728	2528	Maffei	1903	2292	
29	98 729	2529	Maffei	1903	2293	
30	98 730	2530	Maffei	1908	3023	
31	98 731	2531	Maffei	1908	3024	

Bild 200
BB II 98 727 als Lok der Museumsbahn Darmstadt bei einer Sonderfahrt in Würzburg Hbf, Frühjahr 1973

unten:
Bild 201
BB II Nr. 2528 in Plattling oder Straubing, etwa 1912. Rechts alter C-Wagen

Die Lokalbahnlok GtL $\frac{4}{4}$ (Baureihe 98^{8-9}),

die Nachfolgerin der D XI.
Bilder 202–226.
Die 117 Maschinen wurden von Krauß in den Jahren 1911 bis 1927 geliefert.
Von 1934 bis 1941 wurden 29 dieser Lokomotiven *umgebaut;* sie erhielten eine (vordere) Laufachse, die zugelassene Geschwindigkeit wurde von 40 auf 55 km/h erhöht. Für diese Umbauten wurde die neue Baureihe 98^{11} eingeführt.
1935 waren GtL $\frac{4}{4}$ stationiert in Augsburg, Bamberg, Eger, Hof, Ingolstadt, Kempten, Kirchenlaibach, Landshut, Lindau, München Hbf, München Ost, Neu Ulm, Passau, Plattling, Pressig=Rothenkirchen, Regensburg, Schongau, Schwandorf, Schweinfurt, Simbach, Straubing und Würzburg.
Die Ausmusterung begann 1946; als letzte schieden aus dem Dienst von der Baureihe 98^{11} die 98 1125 am 12. März 1968 und von der Baureihe 98^{8} die 98 812 am 24. Juni 1970, *diese als letzte bayerische Dampflokomotive überhaupt.* Sie wurde als Hauptgewinn eines Preisausschreibens »Stars der Schiene – Stars der Schallplatte« verschenkt.
In der Ebene erreichte die 98^{8} ihre Höchstgeschwindigkeit (40 km/h) noch mit einem Zug von 930 t; in einer Steigung von 5‰ konnte sie bei 40 km/h 305 t nehmen.
Die 98^{11} erreichte ihre Höchstgeschwindigkeit (55 km/h) in der Ebene noch mit einem Zug von 320 t; in einer Steigung von 5‰ konnte sie bei 55 km/h 160 t (= 10 Lokalbahnwagen) nehmen.

Bild 203
Kreuzung in Uttenreuth (Strecke Erlangen – Eschenau, genannt »Seekuh«); links GtL $\frac{4}{4}$ 98 812 mit Güterzug beim Rangieren, rechts GtL $\frac{4}{4}$ 98 813 mit Personenzug, Herbst 1962

Bild 202
GtL $\frac{4}{4}$ 98 812 in Erlangen-Bruck, Sommer 1960. Reger Umsteigverkehr in den Lokalbahnzug nach Herzogenaurach aus dem Zug von Nürnberg (rechts)

Bild 204
GtL $\frac{4}{4}$ 098 812–1 (neueste Numerierung!) und GtL $\frac{4}{4}$ 098 886–5 (neueste Numerierung) mit Sonderzug in Gerolzhofen, Sommer 1969

Neue Gattung **L 44.11**

Rostfläche 1,34 m²
Heizfläche (ohne Überhitzer) 61,0 m²
Dampfüberdruck 12 atü
Treibraddurchmesser 1006 mm
Höchstgeschwindigkeit 40 km/h

Triebwerksbez. D h2
Wasservorrat 5,0; 5,3 m³
Kohlevorrat 1,7 t
Dienstgewicht 43; 45,3 t
Länge über Puffer 9,250 m
Indizierte Leistung 450 PS

Lfd. Nr.	Betriebs-Nummer neu	alt	geliefert durch	geliefert im Jahr	Fabrik-Nummer	Bemerkungen
1	98 801	2551	Krauß	1911	6447	
2	98 802	2552	Krauß	1911	6448	
3	98 803	2553	Krauß	1914	6902	
4	98 804	2554	Krauß	1914	6903	
5	98 805	2555	Krauß	1914	6904	
6	98 806	2556	Krauß	1914	6905	
7	98 807	2557	Krauß	1914	6906	
8	98 808	2558	Krauß	1914	6907	
9	98 809	2559	Krauß	1914	6908	
10	98 810	2560	Krauß	1914	6909	
11	98 811	2561	Krauß	1914	6910	
12	98 812	2562	Krauß	1914	6911	
13	98 813	2563	Krauß	1914	6912	
14	98 814	2564	Krauß	1921	7831	
15	98 815	2565	Krauß	1921	7832	
16	98 816	2566	Krauß	1921	7833	
17	98 817	2567	Krauß	1921	7834	
18	98 818	2568	Krauß	1921	7835	
19	98 819	2569	Krauß	1921	7836	
20	98 820	2570	Krauß	1921	7837	
21	98 821	2571	Krauß	1921	7838	
22	98 822	2572	Krauß	1921	7839	
23	98 823	2573	Krauß	1921	7840	
24	98 824	2574	Krauß	1921	7841	
25	98 825	2575	Krauß	1921	7842	
26	98 826	2576	Krauß	1921	7843	
27	98 827	2577	Krauß	1921	7844	
28	98 828	2578	Krauß	1921	7845	
29	98 829	2579	Krauß	1921	7846	
30	98 830	2580	Krauß	1921	7847	
31	98 831	2581	Krauß	1921	7848	
32	98 832	2582	Krauß	1921	7849	
33	98 833	2583	Krauß	1921	7850	

Bild 205
GtL$\frac{4}{4}$ 98 813 und GtL (Umbau) 98 1115 bei der letzten Fahrt der »Seekuh« (= frühere »Sekundärbahn« Erlangen – Eschenau) in Erlangen, Februar 1963

Lfd. Nr.	Betriebs-Nummer neu	alt	geliefert durch	geliefert im Jahr	Fabrik-Nummer	Bemerkungen
34	98 834	2584	Krauß	1922	8001	
35	98 835	2585	Krauß	1922	8002	
36	98 836	2586	Krauß	1922	8003	
37	98 837	2587	Krauß	1922	8004	
38	98 838	2588	Krauß	1922	8005	
39	98 839	2589	Krauß	1922	8006	
40	98 840	2590	Krauß	1922	8007	
41	98 841	2591	Krauß	1922	8008	
42	98 842	2592	Krauß	1922	8009	
43	98 843	2593	Krauß	1922	8010	
44	98 844	2594	Krauß	1922	8011	
45	98 845	2595	Krauß	1922	8012	
46	98 846	2596	Krauß	1922	8013	
47	98 847	2597	Krauß	1922	8014	
48	98 848	2598	Krauß	1922	8015	
49	98 849	2599	Krauß	1922	8016	
50	98 850	2600	Krauß	1922	8017	

Bild 208
Bahnhof Erlangen, Sommer 1960: Die zwei Lokalbahnzüge stehen zur Abfahrt bereit: links mit GtL $\frac{4}{4}$ 98 812 nach Herzogenaurach, rechts mit GtL $\frac{4}{4}$ 98 839 in Richtung Eschenau

Bild 206
GtL$\frac{4}{4}$ 98 813 in Erlangen, Winter 1962/63. Im Hintergrund das Gaswerk

Bild 207
Die «Seekuh« (= »Sekundärbahn« Erlangen – Eschenau) bimmelt durch das winterliche Dorf (Uttenreuth, Winter 1962/63, Lok GtL$\frac{4}{4}$ 98 813)

Lfd. Nr.	Betriebs-Nummer neu	alt	geliefert durch	geliefert im Jahr	Fabrik-Nummer	Bemerkungen
51	98 851	2601	Krauß	1922	8018	
52	98 852	2602	Krauß	1922	8019	
53	98 853	2603	Krauß	1922	8020	

Neue Gattung **L 44.12**
Rostfläche 1,34 m^2
Heizfläche (ohne Überhitzer) 61,0 m^2
Dampfüberdruck 12 atü
Treibraddurchmesser 1006 mm
Höchstgeschwindigkeit 40 km/h

Triebwerksbez. D h2
Wasservorrat 5,4 m^3
Kohlevorrat 1,8 t
Dienstgewicht 43; 45,3 t
Länge über Puffer 9,250 m
Indizierte Leistung 450 PS

Lfd. Nr.	Betriebs-Nummer neu	alt	geliefert durch	geliefert im Jahr	Fabrik-Nummer	Bemerkungen
54	98 854	2604	Krauß	1923	8176	
55	98 855	2605	Krauß	1923	8177	
56	98 856	2606	Krauß	1923	8178	
57	98 857	2607	Krauß	1923	8179	
58	98 858	2608	Krauß	1923	8180	nach Umbau: 98 1121

Bild 209
GtL $\frac{4}{4}$ 98 886
in Schweinfurt Hbf,
Herbst 1967

Rechte Seite:

oben:
Bild 210
GtL $\frac{4}{4}$ 98 886 auf der Fahrt von Bad Neustadt (Saale) nach Königshofen im Grabfeld, Herbst 1965

unten:
Bild 211
Reihenweise abgestellte GtL $\frac{4}{4}$ im Bw Nürnberg Hbf, Sommer 1963

Lfd. Nr.	Betriebs-Nummer neu	alt	geliefert durch	geliefert im Jahr	Fabrik-Nummer	Bemerkungen
59	98 859	2609	Krauß	1923	8181	
60	98 860	2610	Krauß	1923	8182	
61	98 861	2611	Krauß	1923	8183	
62	98 862	2612	Krauß	1923	8184	
63	98 863	2613	Krauß	1923	8185	
64	98 864	2614	Krauß	1923	8186	
65	98 865	2615	Krauß	1923	8187	
66	98 866	2616	Krauß	1923	8188	nach Umbau: 98 1122
67	98 867	2617	Krauß	1923	8189	
68	98 868	2618	Krauß	1923	8190	
69	98 869	2619	Krauß	1923	8191	
70	98 870	2620	Krauß	1923	8192	
71	98 871	2621	Krauß	1923	8204	
72	98 872	2622	Krauß	1923	8205	nach Umbau: 98 1126
73	98 873	2623	Krauß	1923	8206	nach Umbau: 98 1123
74	98 874	2624	Krauß	1923	8207	nach Umbau: 98 1129
75	98 875	2625	Krauß	1923	8208	
76	98 876	2626	Krauß	1923	8209	

Bild 212
GtL (Umbau) 98 1112 vor der Fahrt in den Winterabend, Kulmbach, Winter 1960/61. Links und rechts vom Zug bayerische Ruhesignale

Bild 213
GtL (Umbau) 98 1115 und GtL $\frac{4}{4}$ 98 813 mit dem letzten Reisezug nach Erlangen; Neunkirchen am Brand, Februar 1963

Bild 214
GtL (Umbau) 98 1116 und 98 1129 mit Schotterzug in Thurnau, Herbst 1949

Lfd. Nr.	Betriebs-Nummer neu	alt	geliefert durch	geliefert im Jahr	Fabrik-Nummer	Bemerkungen
77	98 877	2627	Krauß	1923	8210	
78	98 878	2628	Krauß	1923	8211	
79	98 879	2629	Krauß	1923	8212	nach Umbau: 98 1125
80	98 880	2630	Krauß	1923	8213	
81	98 881	2631	Krauß	1923	8214	
82	98 882	2632	Krauß	1923	8215	
83	98 883	2633	Krauß	1923	8216	nach Umbau: 98 1128
84	98 884	2634	Krauß	1924	8273	
85	98 885	2635	Krauß	1924	8274	
86	98 886	2636	Krauß	1924	8275	
87	98 887	2637	Krauß	1924	8276	
88	98 888	2638	Krauß	1924	8277	nach Umbau: 98 1124
89	98 889	2639	Krauß	1924	8278	
90	98 890	2640	Krauß	1924	8279	
91	98 891	2641	Krauß	1924	8280	
92	98 892	2642	Krauß	1924	8281	nach Umbau: 98 1127
93	98 893	2643	Krauß	1924	8282	

Bild 215
GtL (Umbau) mit dem Züglein Hollfeld – Bayreuth bei Obernsees, Sommer 1952

Bild 216
GtL (Umbau) 98 1120
in Königshofen im
Grabfeld, Frühjahr 1964

Bild 217
Sie sehen erst einmal
nach, wie das Wetter ist:
GtL (Umbau) 98 1121
und 98 1125 in
Bayreuth Hbf,
Sommer 1956

Lfd. Nr.	Betriebs-Nummer neu	alt	geliefert durch	geliefert im Jahr	Fabrik-Nummer	Bemerkungen
94	98 894	2644	Krauß	1924	8283	
95	98 895	2645	Krauß	1924	8284	
96	98 896	2646	Krauß	1924	8285	
97	98 897	2647	Krauß	1924	8286	
98	98 898	–	Krauß	1924	8287	nach Umbau: 98 1115
99	98 899	–	Krauß	1924	8288	nach Umbau: 98 1118
100	98 900	–	Krauß	1924	8289	nach Umbau: 98 1108
101	98 901	–	Krauß	1927	8383	nach Umbau: 98 1109
102	98 902	–	Krauß	1927	8384	nach Umbau: 98 1110
103	98 903	–	Krauß	1927	8385	nach Umbau: 98 1119
104	98 904	–	Krauß	1927	8386	nach Umbau: 98 1113
105	98 905	–	Krauß	1927	8387	nach Umbau: 98 1106
106	98 906	–	Krauß	1927	8408	nach Umbau: 98 1101
107	98 907	–	Krauß	1927	8409	nach Umbau: 98 1120
108	98 908	–	Krauß	1927	8410	nach Umbau: 98 1105
109	98 909	–	Krauß	1927	8411	nach Umbau: 98 1107
110	98 910	–	Krauß	1927	8412	nach Umbau: 98 1116
111	98 911	–	Krauß	1927	8413	nach Umbau: 98 1104

Bild 218
»Wer gut schmiert, der gut fährt«. GtL (Umbau) 98 1124 in Kulmbach, Frühjahr 1951. Links bayerisches Ruhesignal

Bild 219
Sie fährt nur noch mit einem Wagen:
GtL (Umbau) 98 1125 mit dem »Zug« nach Gefrees in Falls, Frühjahr 1961

Bild 220
GtL (Umbau) 98 1127
in Thurnau, Sommer 1956

Lfd. Nr.	Betriebs-Nummer neu	alt	geliefert durch	geliefert im Jahr	Fabrik-Nummer	Bemerkungen
112	98 912	–	Krauß	1927	8414	nach Umbau: 98 1103
113	98 913	–	Krauß	1927	8415	nach Umbau: 98 1112
114	98 914	–	Krauß	1927	8416	nach Umbau: 98 1111
115	98 915	–	Krauß	1927	8417	nach Umbau: 98 1102
116	98 916	–	Krauß	1927	8418	nach Umbau: 98 1114
117	98 917	–	Krauß	1927	8419	nach Umbau: 98 1117

Bild 222
GtL (Umbau) mit dem Lokalbahnzug Bischofsgrün – Neuenmarkt-Wirsberg fährt in Bad Berneck ein, Frühjahr 1949. Schöne bayerische Lokalbahnwagen: nach der Lok ein GwL, dann ein CL mit vier Fenstern, dann ein CL mit 6 Fenstern

Neue Gattung **L 45.11**
Rostfläche 1,34 m^2
Heizfläche (ohne Überhitzer) 61,0 m^2
Dampfüberdruck 12 atü
Treibraddurchmesser 1006 mm
Höchstgeschwindigkeit 55 km/h

Triebwerksbez. 1D h2
Wasservorrat 5,1 m^3
Kohlevorrat 2,6 t
Dienstgewicht 50,7 t
Länge über Puffer 10,200 m
Indizierte Leistung 450 PS

Lfd. Nr.	Betriebs-Nummer neu	umgebaut im Jahr	aus Betriebs-Nummer	Bemerkungen
1	98 1101	1934	98 906	
2	98 1102	1935	98 915	
3	98 1103	1935	98 912	
4	98 1104	1935	98 911	
5	98 1105	1936	98 908	
6	98 1106	1936	98 905	
7	98 1107	1936	98 909	
8	98 1108	1936	98 900	
9	98 1109	1936	98 901	
10	98 1110	1936	98 902	

Bild 221
Kurze Zigarettenpause zwischen zwei Zügen

Bild 223 Blick aus dem Fenster der Heizerseite: GtL (Umbau) 98 1127 beim Wasserfassen

Lfd. Nr.	Betriebs-Nummer neu	umgebaut im Jahr	aus Betriebs-Nummer	Bemerkungen
11	98 1111	1936	98 914	
12	98 1112	1936	98 913	
13	98 1113	1936	98 904	
14	98 1114	1936	98 916	
15	98 1115	1936	98 898	
16	98 1116	1936	98 910	
17	98 1117	1937	98 917	
18	98 1118	1937	98 899	
19	98 1119	1937	98 903	
20	98 1120	1937	98 907	
21	98 1121	1938	98 858	
22	98 1122	1938	98 866	
23	98 1123	1938	98 873	
24	98 1124	1938	98 888	
25	98 1125	1939	98 879	
26	98 1126	1939	98 872	
27	98 1127	1939	98 892	
28	98 1128	1940	98 883	
29	98 1129	1941	98 874	

Bild 224
Winterliche Fahrt auf der Fichtelgebirgsstrecke Bayreuth – Warmensteinach, zwei GtL (Umbau), Februar 1949. Schöner Blick durch die Speichenräder der Lokalbahnwagen

Bild 225
Im Schneesturm.
GtL (Umbau) bei der Ankunft in Bayreuth Hbf, Winter 1952/53

unten:
Bild 226
Schifahrer warten auf den Wintersportzug nach Warmensteinach. Dahinter GtL (Umbau) mit bayerischen Lokalbahnwagen. Bayreuth Hbf, Winter 1953/54

Die Lokalbahnlok Baureihe 98^{10},

noch 1929 eine bayerische Neuschöpfung von gefälligem Aussehen.
Bilder 227–239.
Die 45 Maschinen wurden 1929 bis 1931 von Krauß, ab 1932 (bis 1933) von Krauß-Maffei geliefert.
Die Lokomotiven 98 1001 bis 98 1033 hatten – angebaut an den Dampfdom – einen Speisedom mit Schlammabscheider, der später entfernt wurde.
1935 waren die 98^{10} stationiert in Aschaffenburg, Bayreuth, Freilassing, Hof, Ingolstadt, Lindau, Mühldorf, München Ost, Neuenmarkt = Wirsberg, Nürnberg Rbf, Passau, Plattling, Regensburg, Schwandorf und Weiden.
Ihre Ausmusterung begann 1958; als letzte ist die 98 1005 am 22. November 1966 bei der Bundesbahndirektion Regensburg ausgeschieden.

In der Ebene erreichte die 98^{10} mit einem Zug von 930 t 40 km/h; in einer Steigung von 5‰ nahm sie bei 40 km/h 305 t.

Bild 227
Lok 98 1010 in Cham, Sommer 1959

Bild 228
Lok 98 1016 in Weiden (Oberpf), Sommer 1961

Bild 229
Lok 98 1025 in Lindau, Frühjahr 1964

Neue Gattung **L 45.11**
Rostfläche 1,34 m^2
Heizfläche (ohne Überhitzer) 61,0 m^2
Dampfüberdruck 12 atü
Treibraddurchmesser 1006 mm
Höchstgeschwindigkeit 45 km/h

Triebwerksbez. D1 h2
Wasservorrat 6,3 m^3
Kohlevorrat 2,7 t
Dienstgewicht 54,5 t
Länge über Puffer 10,050 m
Indizierte Leistung 450 PS

Lfd. Nr.	Betriebs-Nummer neu	alt	geliefert durch	geliefert im Jahr	Fabrik-Nummer	Bemerkungen
1	98 1001	–	Krauß	1929	8466	
2	98 1002	–	Krauß	1929	8467	
3	98 1003	–	Krauß	1929	8468	
4	98 1004	–	Krauß	1929	8469	
5	98 1005	–	Krauß	1929	8470	
6	98 1006	–	Krauß	1930	8480	
7	98 1007	–	Krauß	1930	8481	
8	98 1008	–	Krauß	1930	8482	
9	98 1009	–	Krauß	1930	8483	
10	98 1010	–	Krauß	1930	8484	
11	98 1011	–	Krauß	1930	8485	
12	98 1012	–	Krauß	1930	8497	

Bild 230
Lok 98 1026 in Lindau, Frühjahr 1964

Bild 231
Lok 98 1028 in Thurnau, Frühjahr 1941. Die Laternen sind kriegsmäßig verdunkelt; links bayerische Pfeif- und Läutetafel

Bild 232
Lok 98 1028 in Thurnau, Sommer 1943.
An der Lok bayerischer PwPostL

Lfd. Nr.	Betriebs-Nummer neu	alt	geliefert durch	geliefert im Jahr	Fabrik-Nummer	Bemerkungen
13	98 1013	–	Krauß	1931	8498	
14	98 1014	–	Krauß	1931	8499	
15	98 1015	–	Krauß	1931	8500	
16	98 1016	–	Krauß	1931	8501	
17	98 1017	–	Krauß	1931	8502	
18	98 1018	–	Krauß	1931	8503	
19	98 1019	–	Krauß	1931	8504	
20	98 1020	–	Krauß	1931	8505	
				1931		
21	98 1021	–	Krauß	1931	8506	
22	98 1022	–	Krauß-Maffei	1932	15344	
23	98 1023	–	Krauß-Maffei	1932	15345	
24	98 1024	–	Krauß-Maffei	1932	15346	
25	98 1025	–	Krauß-Maffei	1932	15347	
26	98 1026	–	Krauß-Maffei	1932	15348	
27	98 1027	–	Krauß-Maffei	1932	15349	
28	98 1028	–	Krauß-Maffei	1932	15350	

Bild 233
Lok 98 1028 und 98 1032 in Bayreuth Altstadt, Sommer 1947

Lfd. Nr.	Betriebs-Nummer neu	alt	geliefert durch	geliefert im Jahr	Fabrik-Nummer	Bemerkungen
29	98 1029	–	Krauß-Maffei	1932	15351	
30	98 1030	–	Krauß-Maffei	1932	15352	
31	98 1031	–	Krauß-Maffei	1932	15353	
32	98 1032	–	Krauß-Maffei	1932	15354	
33	98 1033	–	Krauß-Maffei	1932	15355	
34	98 1034	–	Krauß-Maffei	1933	15360	
35	98 1035	–	Krauß-Maffei	1933	15361	
36	98 1036	–	Krauß-Maffei	1933	15362	
37	98 1037	–	Krauß-Maffei	1933	15363	
38	98 1038	–	Krauß-Maffei	1933	15364	
39	98 1039	–	Krauß-Maffei	1933	15365	
40	98 1040	–	Krauß-Maffei	1933	15366	
41	98 1041	–	Krauß-Maffei	1933	15367	
42	98 1042	–	Krauß-Maffei	1933	15368	
43	98 1043	–	Krauß-Maffei	1933	15369	
44	98 1044	–	Krauß-Maffei	1933	15370	
45	98 1045	–	Krauß-Maffei	1933	15371	

Bild 234
Lok 98 1032 bei Kreuzstein, Sommer 1946. Der bayerische Lokalbahnwagen trägt noch die damals obligatorische Anschrift ALLIED FORCES

Bild 235
Lok 98 1030 in Thurnau, Sommer 1943. Die Laternen sind kriegsmäßig verdunkelt; rechts bayerisches Weichensignal auf hohem Ständer

Bild 236
Lok 98 1038 fährt ihr Züglein durch die fränkischen Wiesen und Kornfelder; bei Heinersreuth, Sommer 1946

Bild 237
Lok 98 1039 in Bayreuth Altstadt, Herbst 1948

Bild 238
Lok 98 1033, noch mit dem Speisedom, bei Thurnau, 1935

Bild 239
Fahrt in den Weihnachtsabend. Lok Baureihe 98^{10} verläßt Bayreuth Altstadt, 24.12.1946

10. Was uns blieb

28.1. Von den »letzten Bayerischen« verschwanden endgültig

zwischen 1935 und 1940: die D XII / Pt$\frac{2}{5}$ N,

zwischen 1940 und 1950: die S$\frac{3}{5}$, G$\frac{5}{5}$, G$\frac{4}{5}$ H, Gt 2x$\frac{4}{4}$, BB II,

zwischen 1950 und 1960: die P$\frac{3}{5}$, Pt$\frac{3}{6}$, D XI / PtL$\frac{3}{4}$.

Am 13. 2. 1961 waren noch 196 bayerische Dampflokomotiven im Bestand der Bahnbetriebswerke und zwar

35 S$\frac{3}{6}$, davon 30 der Baureihe 18^6,
60 G$\frac{3}{4}$ H,
20 Pt$\frac{2}{3}$,
16 R$\frac{3}{3}$,
5 R$\frac{4}{4}$,
2 PtL$\frac{2}{2}$,
23 GtL$\frac{4}{4}$,
15 98^{10},
16 98^{11},
1 98^{17},
3 PtzL$\frac{3}{4}$

196

Am 16. 9. 1966 gab es noch fünf bayerische Dampflokomotiven:

die S$\frac{3}{6}$ 18 505 beim Lokomotivversuchsamt Minden (Westf.),
die GtL$\frac{4}{4}$ 98 812 und 98 886,
die 98 1005 und
die 98 1125.

Als letzte bayerische Dampflokomotive ist die 98 812 am 24. Juni 1970 bei der Bundesbahndirektion Nürnberg ausgemustert worden.

28.2. Während des allgemeinen Dampflokomotivsterbens haben sich hauptsächlich *Eisenbahnfreunde* – oft mit Einsatz beträchtlicher Mittel – um die *Erhaltung* der einen oder anderen Maschine angenommen.
Da und dort ließ eine *Stadtverwaltung* eine Dampflokomotive als *Denkmal* aufstellen.
Das *Verkehrsmuseum in Nürnberg* und das *Deutsche Museum in München* zeigen ein paar bayerische Dampflokomotiven im Original, andere als hübsche Modelle im Maßstab 1 : 10.
Schade, daß das *Dampflokomotivmuseum* im bayerischen *Neuenmarkt* nur eine einzige bayerische Dampflokomotive hat, die 18 612.
Die *Spielwarenindustrie* hält einige bayerische Typen vor.

Die folgende *Übersicht* soll demonstrieren, von welchen Gattungen bayerischer Dampflokomotiven Originalexemplare oder Modelle vorhanden sind. Die S$\frac{3}{6}$ ist dabei am häufigsten vertreten. Bedauerlich bleibt, daß einige bayerische Dampflok der neueren Zeit in dieser Kollektion fehlen, wie die sehr leistungsfähigen G$\frac{4}{5}$ H und G$\frac{5}{5}$ oder die schneidige 98^{10}.

Gattung	*Original/Modell*	*Betriebs-Nr./Name*	*wo?*
A I	Modell	BAVARIA	Verkehrsmuseum Nürnberg
	Modell	BAVARIA	Deutsches Museum München
A II	—		
A III	—		
A IV	—		
A V	—		
AA I / P$\frac{2}{4}$	—		
B I	Modell	DONAU	Verkehrsmuseum Nürnberg
B II	—		
B III	—		
B IV	Modell	BAYREUTH	Verkehrsmuseum Nürnberg
B V	Original, geschnitten	NORDGAU	Verkehrsmuseum Nürnberg
	Modell	1050	Verkehrsmuseum Nürnberg
B VI	Modell	HANS SACHS	Verkehrsmuseum Nürnberg
	Modell	HANS SACHS	Deutsches Museum München
B VII	—		
B VIII	—		
B IX	Original, geschnitten	1000	Deutsches Museum München
	Modell	MÜNCHEN	Verkehrsmuseum Nürnberg
B X	Modell	HAMBURG	Verkehrsmuseum Nürnberg
	Modell	HAMBURG	Deutsches Museum München
B XI	Modell	1201	Verkehrsmuseum Nürnberg
BB I	Original, geschnitten	2100	Verkehrsmuseum Nürnberg
	Modell	2100	Verkehrsmuseum Nürnberg
BB II	Original	98 727	Museumsbahn Darmstadt
	Modell	2525	Verkehrsmuseum Nürnberg
	Modell		im Spielwarenhandel
C I	Modell	BEHAIM	Verkehrsmuseum Nürnberg
	Modell	BEHAIM	Deutsches Museum München
C II	2 Modelle	HERCULES	Verkehrsmuseum Nürnberg
C III	Modell	REGENSBURG*)	Verkehrsmuseum Nürnberg
C IV	Modell	MAXBURG	Verkehrsmuseum Nürnberg
C V	Modell	2305	Verkehrsmuseum Nürnberg
C VI / G$\frac{3}{4}$ N	Modell	1598	Verkehrsmuseum Nürnberg

*) eine C III mit diesem Namen gab es nicht

Gattung	*Original/Modell*	*Betriebs-Nr./Name*	*wo?*
D I	—		
D II (I. Bes.)	Modell	BÄR	Verkehrsmuseum Nürnberg
	Modell	BÄR	Deutsches Museum München
D II (II. Bes.)/$R\frac{3}{3}$	Original als Denkmal	89 801 (Fabr.-Nr. 7851)	Bundesbahn-Ausbesserungswerk Duisburg-Wedau
D III	Modell	LEOPARD	Verkehrsmuseum Nürnberg
D IV	Modell	ACHERON	Verkehrsmuseum Nürnberg
D V	Modell	GOTTESZELL	Verkehrsmuseum Nürnberg
D VI	Original	BERG	Deutsche Ges. für Eisenbahngeschichte Karlsruhe
	Modell	DONAUSTAUF	Verkehrsmuseum Nürnberg
	Modell		im Spielwarenhandel
D VII	Original als Denkmal	1854	Tengelmann-Großmarkt Wiesbaden
	Modell	REGENSBURG	Verkehrsmuseum Nürnberg
D VIII	Modell	WATZMANN*)	Verkehrsmuseum Nürnberg
D IX	Modell	1931	Verkehrsmuseum Nürnberg
D X	—		
D XI / $PtL\frac{3}{4}$	Original als Denkmal	98 507	Ingolstadt Hbf
	Modell	98 507	Verkehrsmuseum Nürnberg
D XII / $Pt\frac{2}{5}N$	Modell	2201	Verkehrsmuseum Nürnberg
E I	Modell	2054	Verkehrsmuseum Nürnberg
	Modell	2085	Verkehrsmuseum Nürnberg
$S\frac{2}{5}$	Modell	2398	Verkehrsmuseum Nürnberg
	Modell	3002	Verkehrsmuseum Nürnberg
$S\frac{2}{6}$	Original	3201	Verkehrsmuseum Nürnberg
	Modell		im Spielwarenhandel
$S\frac{3}{5}$	Modell	3301	Verkehrsmuseum Nürnberg
	Modell	3301	Deutsches Museum München
$S\frac{3}{6}$	Original	3634 (18 451)	Deutsches Museum München
	Original	18 478	Herr Lory, Winterthur
	Original	18 505	Deutsche Ges. für Eisenbahngeschichte Karlsruhe
	Original	18 508	Herr Fiechter, Zürich
	Original als Denkmal	18 528	Fabrikgelände Krauß-Maffei München-Allach
	Original	18 612	Deutsches Dampflokmuseum Neuenmarkt (Oberfranken)
	Modell	3601	Verkehrsmuseum Nürnberg
	mehrere Modelle		im Spielwarenhandel

*) eine D VIII mit diesem Namen gab es nicht

Gattung	*Original/Modell*	*Betriebs-Nr./Name*	*wo?*
P $\frac{3}{5}$	Modell	3801	Verkehrsmuseum Nürnberg
G $\frac{3}{4}$ H	Modell		im Spielwarenhandel
G $\frac{4}{5}$ N	Modell	2131	Verkehrsmuseum Nürnberg
G $\frac{4}{5}$ H	—		
G $\frac{5}{5}$	—		
Pt $\frac{2}{3}$	Original als Denkmal	70 083	Mühldorf (Oberbayern)
	Original als Denkmal	70 086	Pöchlarn (Niederösterreich)
	Modell	6003	Verkehrsmuseum Nürnberg
	Modell		im Spielwarenhandel
Pt $\frac{2}{4}$ N	—		
Pt $\frac{2}{4}$ H	—		
Pt $\frac{2}{5}$ H	—		
Pt $\frac{3}{6}$	Modell		im Spielwarenhandel
Gt 2x $\frac{4}{4}$	Modell	96 016	Deutsches Museum München
	Modell	96 025	Verkehrsmuseum Nürnberg
	zwei Modelle		im Spielwarenhandel
R $\frac{4}{4}$	—		
ML $\frac{2}{2}$	Modell	4001	Verkehrsmuseum Nürnberg
PtL $\frac{2}{2}$	Original, geschnitten	4515	Verkehrsmuseum Nürnberg
	Original	98 307	für Ausstellungen
	Modell	4504	Verkehrsmuseum Nürnberg
	Modell		im Spielwarenhandel
PtL $\frac{3}{3}$	—		
GtL $\frac{4}{4}$	Original	98 812	Ulmer Eisenbahnfreunde
	Original als Denkmal	98 886	Schweinfurt
98^{10}	—		
PtzL $\frac{3}{4}$	—		
LE	Modell	III	Verkehrsmuseum Nürnberg
Gts $\frac{4}{4}$	—		
Gts 2x $\frac{3}{3}$	—		
Pts	—		
LAG München	Original als Denkmal	99 253	Regensburg-Stadtamhof

Anlagen

Anlage I

Aus einem frühen, noch handschriftlich geführten amtlichen Lokomotivverzeichnis. In der zweiten Spalte ist bei Lokomotiven mit Namen die Inventarnummer aufgeführt. Die früheren Ostbahnlokomotiven (D 1–D 12) hatten keine Namen. K = Krauß; M = Maffei

Laufende Nummer	Locomotiv- Nummer	Locomotiv-Gattung und Namen.	Lieferungs-jahr.	Lieferant.
64	789	Styx	1877	K
65	843	Tejas	1879	M
66	811	Telamon	1878	K
67	716	Telemach	1876	"
68	810	Teucer	1878	"
69	828	Thales	1878	"
70	723	Titan	1876	M
71	840	Totila	1879	"
72	715	Triton	1876	K
73	790	Typhon	1877	"
74	831	Wotan	1879	"
75		D 1	1867	M
76		D 2	1867	"
77		D 3	1870	"
78		D 4	1870	"
79		D 5	1870	"
80		D 6	1871	"
81		D 7	1871	"
82		D 8	1871	"
83		D 9	1871	"

Laufende Nummer	Locomotiv- Nummer	Locomotiv-Gattung und Namen.	Lieferungs-jahr.	Lieferant.
84		D 10	1871	M
85		D 11	1872	"
86		D 12	1872	"
		D V.		
1	382	Dellelbach	1877	M
2	379	Eibsee	1877	"
3	796	Eisenstein	1878	"
4	794	Gotteszell	1878	"
5	383	Iphofen	1877	"
6	380	Königsee	1877	"
7	795	Ludwigsthal	1878	"
8	384	Mainbernheim	1877	"
9	381	Oberandorf	1877	"
10	793	Ulrichsberg	1878	"
		D VI.		
1	848	Atropos	1880	M
2	856	Berenice	1880	"
3	847	Clotho	1880	"

Anlage II

Aus dem »Verzeichnis sämtlicher Lokomotiven der K. B. St. B.« von 1899. Bei Lokomotiven mit Namen ist die Inventarnummer aufgeführt. K = Krauß; M = Maffei

Königlich Bayerische Staats-Eisenbahnen.

Verzeichniss

sämmtlicher Lokomotiven

der

Königl. Bayerischen Staats - Eisenbahnen.

Stand vom 15. Oktober 1899.

München.

Druck von Carl August Seyfried & Comp.

1	2	3	4	5	6	7	8	9	10	11	12	13	14	15	16	17	18
Laufende Nr.	Inventar-Nr.	**Gattung** und **Namen** oder **Nummer**	Lieferungsjahr	Lieferant	Durchschnittl. Adhäsionsgew. in Tonn.	Heizfläche, feuerberührte in qm	Dampfspanng. i. Atm.	Cylinder Durchmesser in mm	Cylinder Hub in mm	Treibraddurchmess in mm	Tenderwasser in cbm	Nepelly-Feuerung					Bemerkungen
		C II.															
1	**197**	Achilles . . .	1858	M	34,2	113,2	10	457	660	1255	9,3						
2	**228**	Atlas	1861	M	34,2	116,1	10	457	660	1255	9,3						
3	**337**	Bernried . .	1866	M	34,2	113,2	8	457	660	1255	9,5						
4	**363**	Dorfen . . .	1867	M	34,2	109,9	10	457	660	1255	9,3						
5	**366**	Ebersberg . .	1867	M	34,2	109,7	10	457	660	1255	9,3						
6	**332**	Eger	1866	M	34,2	113,2	8	457	660	1255	9,5						
7	**338**	Gauting . . .	1866	M	34,2	113,2	8	457	660	1255	9,5						
8	**245**	Gyges . . .	1862	M	34,2	113,2	8	457	660	1255	9,3						
9	**302**	Hammelburg .	1865	M	34,2	115,9	8	457	660	1255	9,3						
10	**359**	Hammerau . .	1867	M	34,2	108,6	10	457	660	1255	9,3						
11	**196**	Hector . . .	1858	M	34,2	113,2	8	457	660	1255	9,5						
12	**310**	Ilz	1865	M	34,2	113,2	10	457	660	1255	9,3						
13	**308**	Kochelsee . .	1865	M	34,2	113,2	8	457	660	1255	9,5						
14	**334**	Kreuth . . .	1866	M	34,2	113,2	8	457	660	1255	9,5						
15	**260**	Landsberg . .	1863	M	34,2	113,2	8	457	660	1255	9,5						
16	**223**	Maffei . . .	1861	M	34,2	113,2	10	457	660	1255	9,5						
17	**221**	Medea . . .	1861	M	34,2	113,2	10	457	660	1255	9,5						
18	**264**	Neuburg . .	1863	M	34,2	113,2	8	457	660	1255	9,3						
19	**303**	Neuenmarkt .	1865	M	34,2	113,2	8	457	660	1255	9,3						
20	**229**	Oceanus . .	1861	M	34,2	116,1	10	457	660	1255	9,3						
21	**311**	Pfarrkirchen .	1867	M	34,2	113,2	10	457	660	1255	9,5						
22	**357**	Penzberg . .	1867	M	34,2	113,2	10	452	660	1255	9,5						
23	**225**	Proserpina . .	1861	M	34,2	115,0	8	457	660	1255	9,5						
24	**361**	Redwitz . . .	1867	M	34,2	113,2	10	457	660	1255	9,5						
25	**368**	Schärding . .	1868	K	34,2	113,2	8	457	660	1255	9,5						
26	**331**	Schneekopf .	1866	M	34,2	113,2	8	457	660	1255	9,3						
27	**367**	Simbach . . .	1868	K	34,2	113,2	10	457	660	1255	9,5						
28	**313**	Staffelsee . .	1865	M	34,2	113,2	8	457	660	1255	9,3						
29	**362**	Vils	1867	M	34,2	113,2	10	457	660	1255	9,3						
30	**329**	Watzmann . .	1866	M	34,2	116,1	10	457	660	1255	9,3						
31	*	1112	1862	M	37,8	108,7	9	508	660	1540	9,0	1					*Lfd. Nr. 31 bis 40 sind Lokom. der ehemaligen Ostbahn.
32		1113	1862	M	38,1	108,7	10	508	660	1540	9,0	1					
33		1114	1862	M	37,1	107,6	9	508	660	1540	9,0	1					
34		1115	1862	M	36,8	107,1	9	508	660	1540	9,0	1					
35		1117	1863	M	36,8	107,1	9	482	660	1540	9,0	1					
36		1118	1863	M	37,6	107,4	9	508	660	1540	9,0	1					
37		1119	1863	M	37,6	107,4	9	508	660	1540	9,0	1					
38		1121	1863	M	37,7	114,9	9	508	660	1540	9,0	1					
39		1122	1863	M	36,8	107,4	9	508	660	1540	9,0	1					
40		1123	1863	M	36,4	105,1	9	482	660	1540	9,0	1					

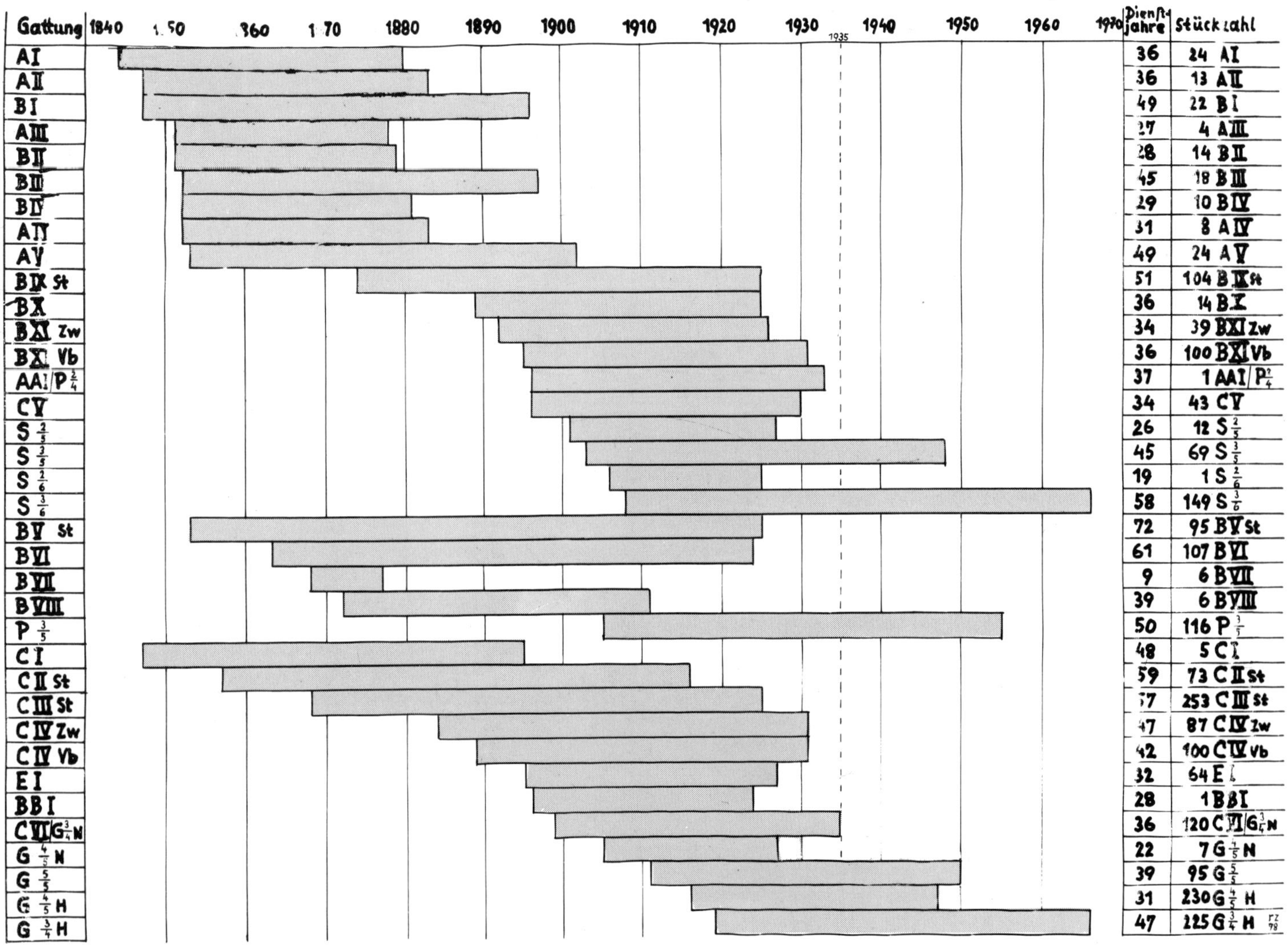

Altersaufbau des bayerischen Dampflokomotivparks (ohne Ostbahn-Lokomotiven) – A. Lokomotiven mit Schlepptender

Anlage IV

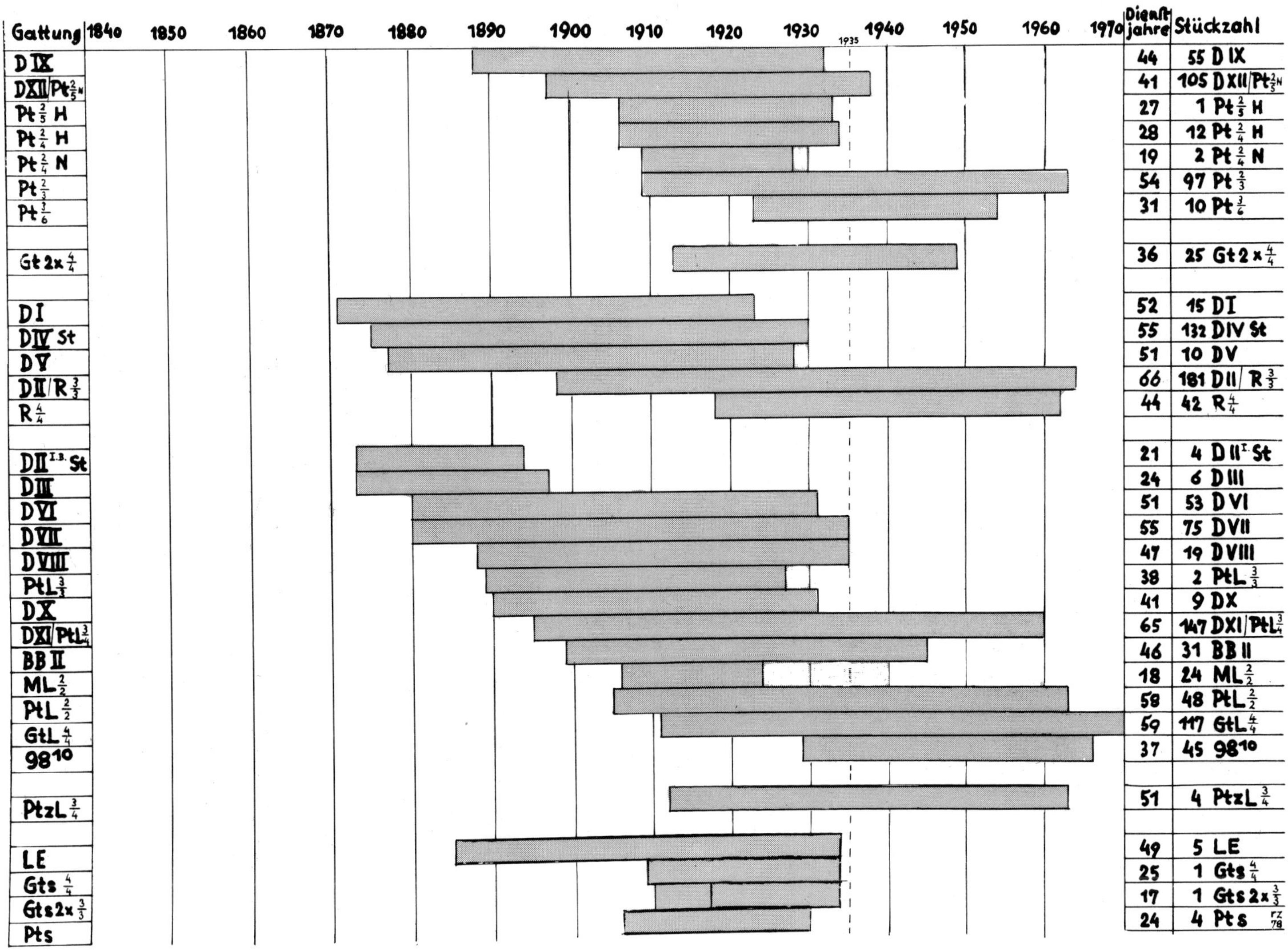

Altersaufbau des bayerischen Dampflokomotivparks (ohne Ostbahn-Lokomotiven und ohne Lokomotiven anderer Privatbahnen) – B. Tenderlokomotiven

Anlage V

Aus dem Grundbuch der Rangierlokomotive PYRRHUS (Classe D IV). Grundbuch hieß das heutige Betriebsbuch. 714 ist die Inventarnummer. Das Personal wußte natürlich nichts von dem griechischen König Pyrrhus und seinem Pyrrhus-Sieg; es sprach das »h« aus: Pyrr – hus

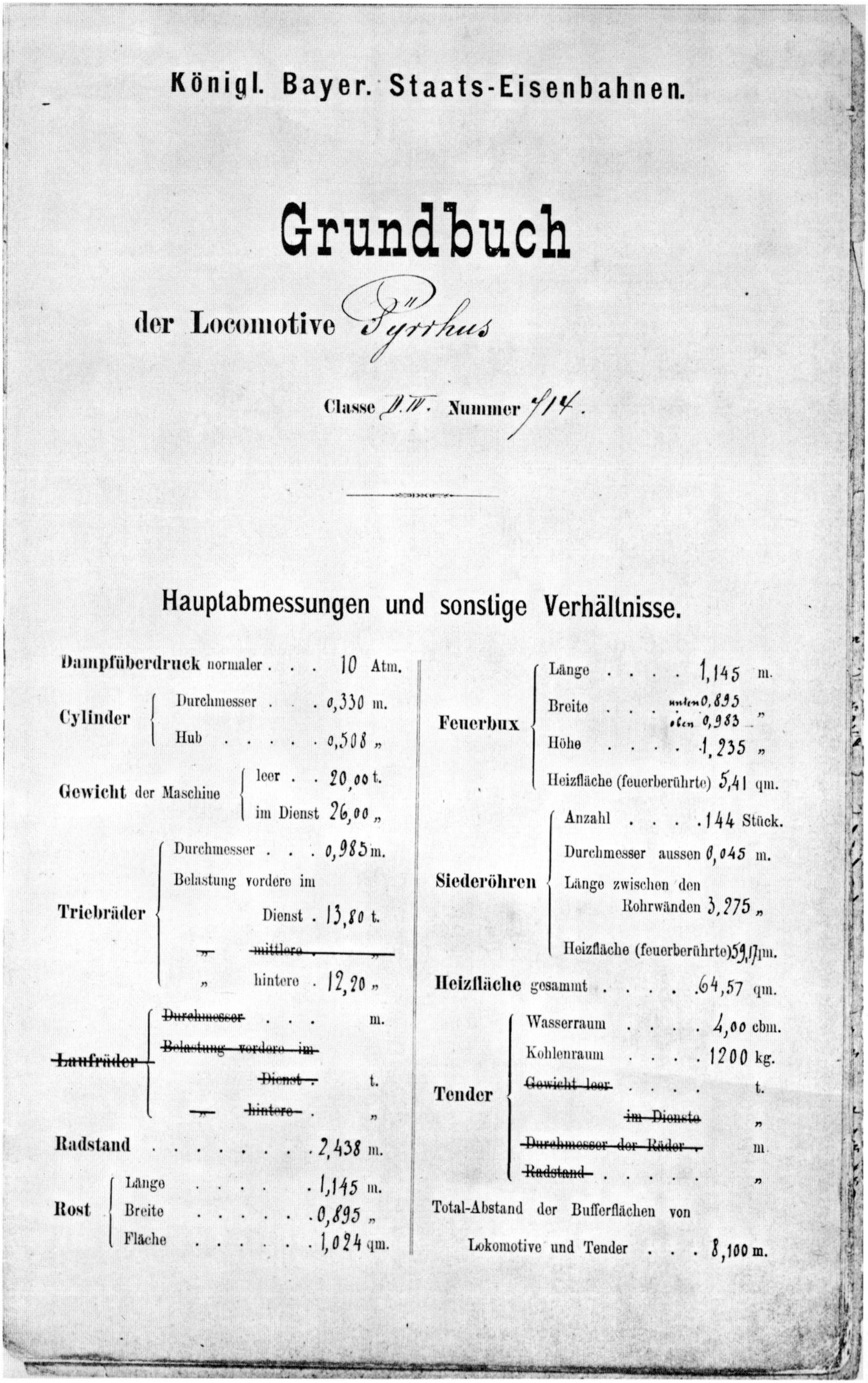

Königl. Bayer. Staats-Eisenbahnen.

Grundbuch

der Locomotive *Pyrrhus*

Classe *D.IV.* Nummer *714.*

Hauptabmessungen und sonstige Verhältnisse.

Dampfüberdruck normaler . . . 10 Atm.

Cylinder
- Durchmesser . . . 0,330 m.
- Hub . . . . . 0,508 „

Gewicht der Maschine
- leer . . 20,00 t.
- im Dienst 26,00 „

Triebräder
- Durchmesser . . . 0,985 m.
- Belastung vordere im Dienst . 13,80 t.
- ~~„ mittlere .~~ „
- „ hintere . 12,20 „

~~Laufräder~~
- ~~Durchmesser~~ . . . m.
- ~~Belastung vordere im Dienst .~~ t.
- ~~„ hintere .~~ „

Radstand . . . . 2,438 m.

Rost
- Länge . . . . . 1,145 m.
- Breite . . . . . . 0,895 „
- Fläche . . . . . . 1,024 qm.

Feuerbux
- Länge . . . . 1,145 m.
- Breite . . . unten 0,895 / oben 0,983 „
- Höhe . . . . 1,235 „
- Heizfläche (feuerberührte) 5,41 qm.

Siederöhren
- Anzahl . . . . 144 Stück.
- Durchmesser aussen 0,045 m.
- Länge zwischen den Rohrwänden 3,275 „
- Heizfläche (feuerberührte) 59,17 qm.

Heizfläche gesammt . . . . 64,57 qm.

Tender
- Wasserraum . . . . 4,00 cbm.
- Kohlenraum . . . . 1200 kg.
- ~~Gewicht leer~~ . . . . t.
- ~~im Dienste~~ „
- ~~Durchmesser der Räder .~~ m.
- ~~Radstand~~ . . . . . „

Total-Abstand der Bufferflächen von Lokomotive und Tender . . . 8,100 m.

Duplikat
mit Zeichnung der Locomotive

Königl. Bayer. Staats-Eisenbahnen.

Dienstesstelle: Oberbahnamt:

Protocoll

aufgenommen bei der kgl. Centralwerkstätte Nürnberg

Betreff:

Revision des Kessels der Locomotive D II Pyrrhus, Fabr. No 714, geliefert von Krauss & Cie in München im Jahre 1876, stationirt in Nürnberg.

Nürnberg den 10 ten Januar 1891

Präs.

Die Unterzeichneten:

Der Kessel der Locomotive D II Pyrrhus wurde heute gemäß hoher Entschließung vom 12ten Dezember 1889 No 113272/23585 durch die Unterzeichneten einer inneren und äußeren Revision unterzogen, wobei die Kesselbleche innen und außen auf ihre Oberflächenbeschaffenheit genau untersucht und in regelmäßigen kleinen Abständen mit einem leichten Hammer abgeklopft worden sind.

Bei der inneren Revision mußte, da die Unterzeichneten wegen der kleinen Mannlochöffnung nicht selbst in das

153. Protocoll-Formulare 1/1 Bogen. RM

Sachverzeichnis

Literaturverzeichnis

Das Deutsche Eisenbahnwesen der Gegenwart — Berlin, 1911

Dr. Uebelacker: Die Entwicklung der Lokomotiven der vormaligen bayerischen Staatseisenbahnen — München, 1925

Hoecherl/Kronawitter/Tausche: $S\frac{3}{6}$, Star unter den Dampflokomotiven — Stuttgart, 1970

Zintl: Bayerische Nebenbahnen Motorbuch-Verlag — Stuttgart, 1977

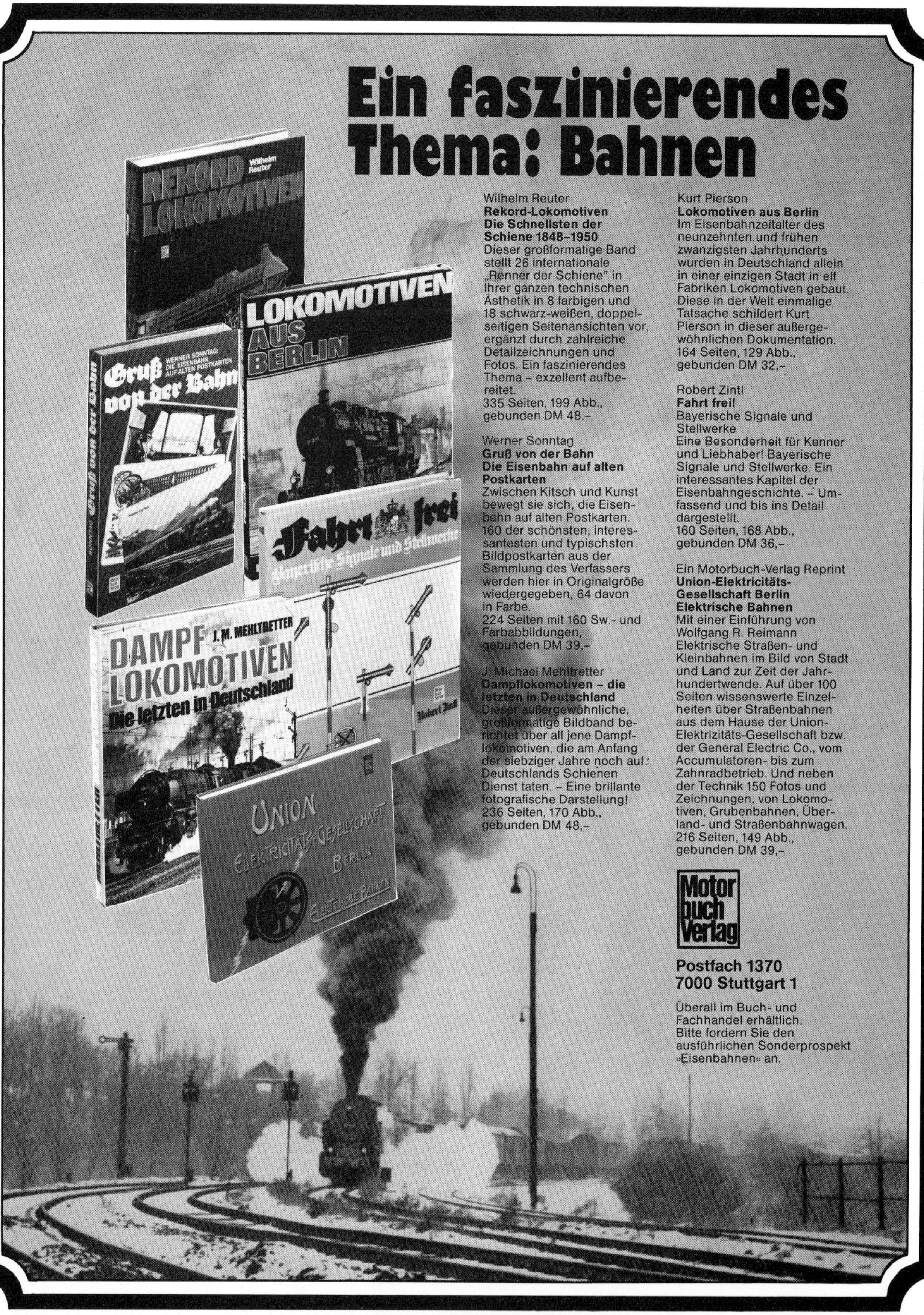
Ein faszinierendes Thema: Bahnen
REKORD LOKOMOTIVEN
Wilhelm Reuter
LOKOMOTIVEN AUS BERLIN
WERNER SONNTAG: DIE EISENBAHN AUF ALTEN POSTKARTEN
Gruß von der Bahn
Fahrt frei
Bayerische Signale und Stellwerke
Robert Zintl
DAMPF LOKOMOTIVEN
J. M. MEHLTRETTER
Die letzten in Deutschland
UNION
ELEKTRICITÄTS-GESELLSCHAFT
BERLIN
ELEKTRISCHE BAHNEN
Wilhelm Reuter
Rekord-Lokomotiven
Die Schnellsten der Schiene 1848–1950
Dieser großformatige Band stellt 26 internationale „Renner der Schiene" in ihrer ganzen technischen Ästhetik in 8 farbigen und 18 schwarz-weißen, doppelseitigen Seitenansichten vor, ergänzt durch zahlreiche Detailzeichnungen und Fotos. Ein faszinierendes Thema – exzellent aufbereitet.
335 Seiten, 199 Abb., gebunden DM 48,–
Werner Sonntag
Gruß von der Bahn
Die Eisenbahn auf alten Postkarten
Zwischen Kitsch und Kunst bewegt sie sich, die Eisenbahn auf alten Postkarten. 160 der schönsten, interessantesten und typischsten Bildpostkarten aus der Sammlung des Verfassers werden hier in Originalgröße wiedergegeben, 64 davon in Farbe.
224 Seiten mit 160 Sw.- und Farbabbildungen, gebunden DM 39,–
J. Michael Mehltretter
Dampflokomotiven – die letzten in Deutschland
Dieser außergewöhnliche, großformatige Bildband berichtet über all jene Dampflokomotiven, die am Anfang der siebziger Jahre noch auf Deutschlands Schienen Dienst taten. – Eine brillante fotografische Darstellung!
236 Seiten, 170 Abb., gebunden DM 48,–
Kurt Pierson
Lokomotiven aus Berlin
Im Eisenbahnzeitalter des neunzehnten und frühen zwanzigsten Jahrhunderts wurden in Deutschland allein in einer einzigen Stadt in elf Fabriken Lokomotiven gebaut. Diese in der Welt einmalige Tatsache schildert Kurt Pierson in dieser außergewöhnlichen Dokumentation.
164 Seiten, 129 Abb., gebunden DM 32,–
Robert Zintl
Fahrt frei!
Bayerische Signale und Stellwerke
Eine Besonderheit für Kenner und Liebhaber! Bayerische Signale und Stellwerke. Ein interessantes Kapitel der Eisenbahngeschichte. – Umfassend und bis ins Detail dargestellt.
160 Seiten, 168 Abb., gebunden DM 36,–
Ein Motorbuch-Verlag Reprint
Union-Elektricitäts-Gesellschaft Berlin
Elektrische Bahnen
Mit einer Einführung von Wolfgang R. Reimann
Elektrische Straßen- und Kleinbahnen im Bild von Stadt und Land zur Zeit der Jahrhundertwende. Auf über 100 Seiten wissenswerte Einzelheiten über Straßenbahnen aus dem Hause der Union-Elektrizitäts-Gesellschaft bzw. der General Electric Co., vom Accumulatoren- bis zum Zahnradbetrieb. Und neben der Technik 150 Fotos und Zeichnungen, von Lokomotiven, Grubenbahnen, Überland- und Straßenbahnwagen.
216 Seiten, 149 Abb., gebunden DM 39,–
Motor buch Verlag
Postfach 1370
7000 Stuttgart 1
Überall im Buch- und Fachhandel erhältlich. Bitte fordern Sie den ausführlichen Sonderprospekt »Eisenbahnen« an.

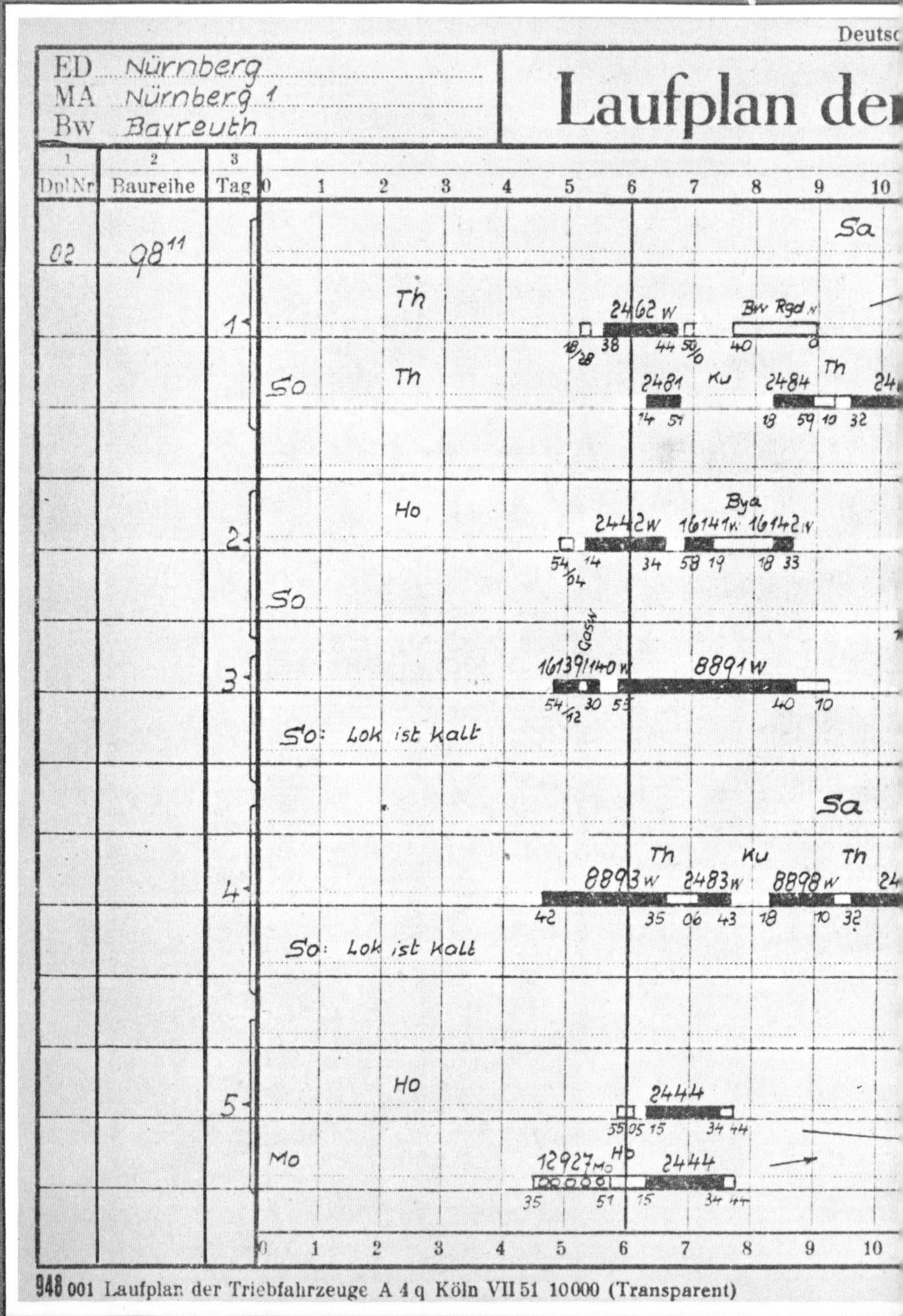

Deutsc
ED Nürnberg
MA Nürnberg 1
Bw Bayreuth
Laufplan de
1 Dpl Nr
2 Baureihe
3 Tag
0 1 2 3 4 5 6 7 8 9 10
02
98¹¹
1
Sa
Th
2462 w
Bw Rgd
18/28 38 44 50/0 40 0
So
Th
2481
Ku
2484
Th
14 51
18 59 10 32
2
Ho
Bya
2442 w
16141 w
16142 w
54/04 14 34 58 19 18 33
So
3
Gasw
16139/140 w
8891 w
54/42 30 55 40 10
So: Lok ist kalt
Sa
4
Th
Ku
Th
8893 w
2483 w
8898 w
42 35 06 43 18 10 32
So: Lok ist kalt
5
Ho
2444
55 05 15 34 44
Mo
12927 Mo
Ho
2444
35 51 15 34 44
0 1 2 3 4 5 6 7 8 9 10
948 001 Laufplan der Triebfahrzeuge A 4 q Köln VII 51 10000 (Transparent)